现代科普博览丛书

风雨雷电与气象学

FENGYU LEIDIAN YU QIXIANGXUE

刘英杰 编

黄河水利出版社

·郑州·

图书在版编目(CIP)数据

风雨雷电与气象学/刘英杰编.—郑州:黄河水利出版社,2016.12 (2021.8 重印)
(现代科普博览丛书)
ISBN 978-7-5509-1491-9

Ⅰ.①风… Ⅱ.①刘… Ⅲ.①气象学-青少年读物
Ⅳ.①P4-49

中国版本图书馆 CIP 数据核字(2016)第 175289 号

出版发行:黄河水利出版社

社　　址:河南省郑州市顺河路黄委会综合楼14层

电　　话:0371-66026940　　邮政编码:450003

网　　址:http://www.yrcp.com

印　　刷:三河市人民印务有限公司

开　　本:787mm×1092mm　　1/16

印　　张:10.75

字　　数:150千字

版　　次:2016年12月第1版　　2021年8月第3次印刷

定　　价:39.90元

目　录

观 察 世 界

古代天气预报主要由农民、渔民、航海者和猎人做出。这是气象科学的萌芽时期。丰富多彩的天气谚语是广大人民群众智慧的结晶。在这些看天经验中,包含着朴素的哲学思想如"热极生风,闷极生雨"等。古代群众的看天经验是现代气象科学的摇篮,其中不少经验在民间广为流传,同时还在气象站台的预报业务中使用。美国是气象科学高度发达的国家,在1963年出版的《天气预报手册》中,仍把群众的看天经验写进书中,作为日常预报业务的参考。

观察世界是人类认识世界的第一步。学会观察,养成观察的习惯,能让我们加深对事物的认识和理解,进而发现事物的变化规律。不过,群众的看天经验,仅限于人类感觉器官所能接受到的、孤立而粗糙的现象。一个地方的看天经验,往往仅适合当地或某个区域。人们观察的视野也只局限于头顶上的一块蓝天,看不出天气系统的移动情况,更不能了解天气演变的物理过程。要了解大气的运动规律,仅靠肉眼观察和肌肤感觉是远远不够的。例如西伯利亚冷空气何时爆发,入侵我国后降温幅度有多大,会降雪吗,这一系列问题用谚语是无从回答的。显然,仅靠经验做预报还远远不能满足人类社会发展的需要。因为,用群众的看天经验做预报,只是一套民间技艺,还谈不上什么科学。

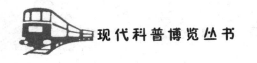

风是怎样刮起的

空气在水平方向上的运动就是风。风向是指风的来向,风速是单位时间内空气在水平方向上移动的距离,通常用"米/秒"表示。

风是怎样刮起来的呢?这与空气受热膨胀、遇冷收缩的特性有关。地球表面由于受热不均,使各地获得的热量有多有少。受热多的地区,空气膨胀上升,空气密度减小,因而气压降低。受热少的地区,空气收缩下沉,气压升高。这样,两地区就产生了气压差。两地冷热程度越悬殊,两地的气压差就越大,空气流动得就越快。两地气压差小,风力就微弱。两地气压若相同,就不会有风产生。

风是引起天气变化的一个重要因素,它把大气中的热量、水汽从一个地方输送到另一个地方。大陆内部的空气含水汽少,刮西北风时,天气多晴朗;刮东南风时,风带来了海洋上空充沛的水汽,容易出现降雨天气。因此,不同的风向预示着不同的天气变化。由于风对人类的活动有着直接的影响,因此正确判断风力的大小,在日常生活中是很有实际意义的。

风力的大小用风级表示。风级从0～12级共13级。级数越大,风力越大,空气流动得就越快。在没有测风仪器的情况下,可以根据眼前景物的变化确定风力的大小:

0级为无风,这时水面无波,烟往上直冲,其风速在0.0~0.2米/秒;

1级为弱风,此时树叶略动,烟随风飘,其风速在0.3～1.5米/秒;

2级为轻风,此时树叶微响,人面部有感觉,其风速在1.6～3.3米/秒;

3级为微风,此时彩旗迎风招展,小船轻轻簸动,其风速在3.4～5.4米/秒;

4级为和风,此时尘土飞扬,树枝摇动,其风速在5.5～7.9米/秒;

5级为清风,此时小树摇摆,水波滚动,其风速在8.0～10.7米/秒;

6级为强风,此时撑伞困难,电线发声,其风速在10.8~13.8米/秒;

7级为疾风,此时水起巨浪,顶风难行,其风速在13.9~17.1米/秒;

8级为大风,此时树枝被折断,江河掀起大浪,其风速在17.2～20.7米/秒;

9级为烈风,此时房瓦被掀掉,烟囱被吹垮,其风速在20.8～24.4米/秒;

10级为狂风,能吹倒大树,具有很大的破坏力,其风速在24.5～28.4米/秒;

11级为暴风,暴风在陆地上极为罕见,能掀翻海上船只,其风速在28.5~32.6米/秒;

12级为台风,此时海浪涛天,风浪能将海上的巨轮吞没,其风速大于32.6米/秒。

风级歌诀:

零级风,烟直上;

一级风,烟稍偏;

二级风,树叶响;

三级风,旗翩翩;

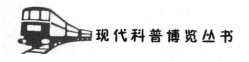
四级风,灰尘起;

五级风,起波澜;

六级风,大树摇;

七级风,行步难;

八级风,树枝断;

九级风,烟卤坍;

十级风,树根拔;

十一级,陆罕见;

十二级,更少有;

风怒吼,浪滔天。

降雨量的估计

天气预报中的降水是分等级预报的。在没有雨量计的情况下,可以根据物象判断雨量的大小。

降水的大小是根据降水的性质和多少来决定的。

零星小雨——多降自突然发展起来的小块云中;降水时间短促,雨量不超过0.1毫米;下降时人有所感觉,但不湿地,不湿衣服,空气有一定的潮湿感。

小雨——一般降自布满天空的层状云中;下降时雨滴清晰可辨,降到地面不四溅,地面全湿但无积水;12小时内降雨量小于5毫米,24小时内降雨量不超过9.9毫米。

中雨——下降时雨滴如线,不易分辨,可以听见淅淅沙沙的雨声,着硬地或瓦房顶上时水星四溅,地面有积水;12小时内降雨量5.0～14.9毫米,日降雨量为10.0～24.9毫米。

大雨——雨势凶猛,可以听见激烈的雨声,地面很快形成积水;降大雨时,视线受阻,眼前一片模糊,雨幕中一般相距几十米远的物体就很难辨认;落到地面或屋顶上时水星四溅达数厘米高,落入水中会击起大气泡;此时,屋顶上会发出轰鸣的响声;12小时内降雨量15.0~29.9毫米,24小时雨量为25.0~49.9毫米、暴雨——暴雨的特征和大雨一样,只是降雨量比大雨更大,打开窗子时室内不容易听清说话声;12小时内降雨量达到或大于30毫米,24小时内降雨量达到或超过50毫米。如果24小时内降雨量达到或超过100毫米就称之为大暴雨,达到或超过200毫米就是特大暴雨了。

雷阵雨——多发生在强烈发展的对流云中;表现为乌云翻滚,起止突然,来势凶猛,降雨时伴有雷电现象,有时有阵风;随即又雨过天晴,碧空如洗。这种天气多出现在夏季的午后。

阵雨——降水性质同雷阵雨一样,也多出现在夏季,降雨的开始和终止也很突然,雨势大一阵小一阵;所不同的是阵雨不伴有雷电现象。阵雨雨量较大,但12小时不超过15毫米,累积降雨时间不超过5小时。

间歇性雨——表现为时下时停,时大时小,但变化不像阵雨那样急促,一般变化缓慢,持续时间较长。

局部地区出现的雨——指小范围地区的降水,多发生在夏季,分布没有规律,起止时间也较突然。

诸 葛 亮 学 气 象

在环绕地球的大气中,有着无穷的奥秘需要人们去认识和探索;那里蕴藏着丰富的资源,等待着人们去开发和利用。我国的气象科学历史悠久,源远流长。早在3000多年前,我国殷代甲骨文中就有许多卜雨间晴的记载和关于各种天气现象如雨、雪、雹、雾、虹、雷电等的记载。在《春秋》这部书里记载有:冬天,当"天上同云"时,也就是当天空出现满天一色的阴云时,则要"雨雪纷纷";夏天,当看到乌云翻滚时,则将有瓢泼大雨,即"兴雨祁祁"。唐朝的《相雨书》中,有更形象的记载:"云逆风而行者,即雨也。"古人依靠肉眼观察天象,对天气和气候现象积累了丰富的经验,虽然还处于定性认识阶段,但这些预报经验中已经蕴含着一定的科学道理。那么,古人究竟怎样预测大气的呢?

《三国演义》中,诸葛亮利用大雾做掩护"草船借箭",又"借东风""火烧赤壁"。诸葛亮的这套本领是跟谁学的呢?

传说,东汉末年,诸葛亮隐居隆中,在家务农。经过辛勤的耕耘,麦田由碧波变成了金浪,诸葛一家沉浸在丰收在望的喜悦之中。开镰割麦那天,朝霞映红了东方,火红的太阳照耀着大地;诸葛亮与三弟诸葛均两个人割了还不到一半,已经大汗淋漓。诸葛均说:"二哥,歇息一会再割吧!"诸葛亮头也不抬地说:"三弟,趁天气好,咱们把麦子割完了再休息吧。"说罢,割得更快了。

这时,一位老者挑着一担斗笠从田边经过,见两个年轻人干得如此卖力,忍不住大声说:"喂,割麦子的小哥儿,开镰也不看天,今天能割麦子吗?"诸葛亮抬头看了他一眼,边割边说:"老伯,这么好的天不割什么时候割?"老者答道:"就是今天不能割。"诸葛亮停下手上的活,问道:"为什么今天不能割?"老者答道:"看你像是个读书人,平时不注意看天吧?唉,你早晨不看天,夜晚也不观察星星,跟你说你也不懂。反正今天有雨,信不信由你!"说罢,挑起斗笠就走了。

诸葛亮抬头看了一下天空,高声说:"老伯,想必是您怕斗笠卖不出去,想雨想昏了吧!"说完还情不自禁地笑了起来。老者听罢,收住脚步,生气地说:"好,冲你这句话,老汉我今天不卖斗笠了。我要坐在这儿看你们的好戏!"诸葛亮听了放声大笑,继续割他的麦子。老者一边看着天,一边想:大雨马上要来了,这两个后生一年的辛苦就要白费了。于是,老者动手把割倒的麦子捆成一捆一捆的,摆放在地边。这时,忽然刮起了冷风,老者焦急地喊道:"还不快跟我把捆好的麦子背到高处,雨马上就要来了。"诸葛亮将信将疑地看看老者,又看看天空,只见天边的乌云滚滚而来,接着一道闪电一声霹雳,大雨随风而至。诸葛兄弟和老汉赶紧把捆好的麦子抱到地势高的地方。不一会儿山洪下来了,他们眼睁睁地看着没来得及捆好的麦子被冲走了。诸葛兄弟望着眼前的情景,又痛心又羞愧。

"三人行必有我师"。想到孔子的教诲,两兄弟立即走到老者面前,双手抱拳施礼道:"老伯教我。"老汉笑道:"你们没听说过'早上放霞,等水烧茶;晚上放霞,干死蛤蟆','朝霞不出门,晚霞行千里'吗?今天早晨放霞了,所以我说有大雨将临。这些谚语都是祖先传下来的。不过,不同地方有不同说法,甚至完全相反,不能照搬。"诸葛亮一听,立即跪在地上说:"老伯,弟子就拜您为师了。"以后,这位老汉经常把他自己看天的经验和收集到的天气谚语,毫无保留地教给他。有空儿,他还带诸葛亮到邻村,找那些对天气变化和天气谚语懂得更多的老农学习。从此,诸葛亮无论走到哪里,都坚持观察天气、收集天气谚语,并且不断验证,不断总结经验。诸葛亮看天的经验也越来越丰富。

听了这个故事,你一定会想:要是我也有这些看天经验,能预测未来的天气,那该多棒呀!为了满足你的这个愿望,现在,我把收集到的从古到今、流传于民间的天气谚语和劳动人民长期积累的看天经验,经过去粗取精、去伪存真,并结合有关的气象学知识全部教给你。如果你都掌握了,那你在预测天气方面将不亚于诸葛亮。

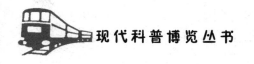

观云测天

在空气中,水汽遇冷凝结,在天为云,在地为雾,千姿百态,瞬息万变。国际分类规定,云分成三族:高云族、中云族和低云族。根据云的外貌特征又可分为积状云、层状云和波状云。云不仅是一种天气现象而且与未来的天气变化有着密切的联系。俗话说,云是大气变化的招牌。根据云状、云高、云厚、云色以及云的动态,都能预测天气的变化。

高云包括卷云、卷层云和卷积云,卷云云底的高度一般在5千米以上,高的在10千米以上,由冰晶构成,高云呈白色,有蚕丝般光泽,薄而透明,一般没有降水现象。阳光或月光被云中冰晶折射后会产生内红外紫的彩色光环,称之为"日晕"或"月晕"。"天上钩钩云,地上雨淋淋",当天空出现钩状卷云时,常预示未来有雨。

中云包括高积云和高层云。云底高度一般在2.5～5千米。是由大量小水滴或由水滴和冰晶混合组成。厚的中云可能会降雨或降雪。当中云成块状时,一般是好天气的预兆:"瓦块云,晒死人","天上鲤鱼斑,明日晒谷不用翻",都说明未来天气晴朗,日照强烈。"清晨宝塔云,下午雨倾盆",天上若出现城堡状的云,一般预示午后有雷雨。"棉花云,雨将临",若天空出现混乱、破碎如棉絮团的云,也是雷雨天气的先兆。

低云包括积云、积雨云、层积云、层云和雨层云。云底高度一般在2千米左右,主要由水滴组成。绝大部分降水是由低云产生的。夏季常见的积雨云,水平方向和垂直厚度差不多,通常直径都只有10千米左右,整个云团总含水量可达100万吨以上,故有"空中水库"之称。当积雨云移来时,常常电闪雷鸣,狂风大作,暴雨倾盆,然后雨过天晴,碧蓝如洗。冰雹就是从这种云中坠落下来的。

云的移动方向也往往预示着一种天气的到来,如农谚所说:"云向东,有雨也不凶。"因为云向东移动,说明高空是偏西气流,大气环流形势比较平直,无明显低气压槽移过来,水汽输送也比较弱,雨也就不容易降下来。"云向北,涨大水。"云向北移动,说明当地正处在高空低气压槽前偏南气流中。如果云的移动速度较快,说明偏南气流较强,可能低空有西南气流存在,这将使海洋上空的水汽源源不断地输送到本地,使未来天气变坏。

雨层云厚而均匀,水平范围可达数百千米以上,云底高度低而模糊不清,一般在0.6~2千米,能完全遮蔽日月光,呈暗灰色,雨量较大。

辨别冰雹云

冰雹来势凶猛,范围狭小,持续时间短,在天气图上很难发现它的踪迹,因此,气象工作者尽管夜以继日地监视着天气的演变,但要事先准确预报出来,目前还有不少困难。

我国劳动人民在长期生产实践中,积累了许多测冰雹经验。这些经验归纳起来就是:感冷热辨风向,看云色观物象,听雷声识闪电。

人们通过长期观察,发现带有雷电现象的积雨云,多数情况下是不会降冰雹的。而能产生冰雹的积雨云,一般具有下列特征:

貌——远望雹云如山峰耸立,云体向上发展迅猛,顶部常见

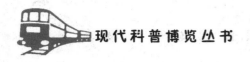

砧状云冠，云中滚滚翻腾；近看雹云底部扰动剧烈，常呈滚轴状或乳房状，并有黑色碎云乱飞。

邑——雹云顶白底黑，云中带红，云边呈土黄色："不怕云里黑，就怕云里黑夹红，最怕黄云下面长白虫"。这条谚语说明冰雹云的云色非同一般。

声——冰雹云雷声沉闷，连绵不断。有时还可听到一种特殊的音响，这种声音有时像自远山之中传来的瀑布声。有时又像"蜂群朝王"声。

一般雷雨云的闪电都发生在云与地之间，称为云地闪或竖闪。而冰雹云中闪电多发生在云与云之间，称为云际闪或横闪。据测定，冰雹云闪电出现频数，要比雷雨云高出100倍以上。出现的频数愈高，降冰雹愈强烈。因此，横闪的多少，已成为识别冰雹云的一个重要指标。

态——有时两块雷雨云相遇合并后，向上猛烈发展会形成冰雹云。降冰雹前常有白色的、大而凉的雨滴落下。

我们只要掌握了冰雹云的这些特征，即使在没有天气预报的情况下，也能准确地识别冰雹云，做出正确判断，并及时采取有效防御措施，把冰雹可能造成的损失减少到最低限度。

雾 不 散 就 是 雨

"十雾九晴天。"秋冬季节的早晨，当我们打开窗子时，常常是迷迷茫茫的大雾像烟一样飘进来，到了九十点钟以后，大雾便渐渐散去，太阳当空，又是一个大晴天。秋冬的太阳给人们带来的是光明、温暖和愉快的心情。

　　长期观测证实：在晴朗微风的夜晚，地面热量迅速向外辐射散失，地面得到充分冷却，近地面层的空气温度随之降低。如果接近地面的空气层相当潮湿，空气中的水汽就会很快达到饱和而凝结成雾，气象学上称之为"辐射雾"。清晨，随着太阳升高，地面温度逐渐回升，空气中的水汽又重新回到不饱和状态，雾也随之消失。

　　"雾不散就是雨。"如果晨雾一直维持不散，当天色变得更加阴暗时，往往会出现降雨。这是因为白天雾不散，表明有锋面过境，在雾的上空有浓厚的降雨云团存在，细小的雨滴在下降过程中不断蒸发，就会在近地面处凝结形成"锋面雾"。浓厚的降雨云团使阳光不能透过，导致近地面空气温度较低，而空气中的水汽在得到不断补充的情况下始终处于饱和状态，雨滴在下降过程中也不再蒸发而直接降落到地面上，这样就形成了雾中雨。

　　"久晴大雾兆阴雨，久雨大雾转晴天。"在久晴不雨的天气下，尽管昼夜温差较大，但因空气较为干燥，也难以形成雾。一旦出现雾，表明这个地区有大量暖湿空气自远方移来，使空气变得潮湿，此时若遇冷空气入侵，就会成云致雨。相反，如果总是阴天下雨，云层就像棉被一样笼罩在大地上空，使地面不易散热降温，很难形成雾。一旦出现大雾，说明阴云已经消散，"棉被"已被揭开。大雾散后定是晴好天气。

　　此外，民谣"早晨起雾天气好，夜里起雾雨绵绵。雾色发白是晴兆，雾色灰沉阴雨连。雾上山头有大雨，雾下河谷艳阳天"，也生动地反映了雾与天气的关系。

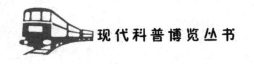
"有天河，无地河"

晴朗无云的夜晚，当你仰望星空时，会发现满天星斗各具姿态：有的在微微闪烁，有的在轻轻跳动，有的忽暗忽明、时隐时现，好像在向你眨眼。这是小星星们在向你传达天气变化的信息。

我国劳动人民很早就注意到星星变化与天气变化的关系，积累了不少观星测天的经验："星星眨眼，有雨不远。""星星密，雨唧唧；星星稀，晴一坏。""天上星星跳，必有大雨到。""落雨见星，难望天晴。""月亮长毛，大雨滔滔。"

夏日的夜晚，若云量稀少，星星看上去密而亮，一般是晴天的征兆，故有"伏夜星星稠，明日晒死牛"之说；若银河星系很清晰，预兆次日晴热无雨，故有"有天河，无地河"之说。"久雨星光现，来日雨更狂。"在持续性的降水天气形势下，夜间低空因气温下降，空气下沉，会暂时使云层裂开现出星光。如果形成降水的天气系统移动缓慢或停滞不前，那么，次日白天仍会因气温升高上升气流加强而继续降雨。"夜里星光明，明日天气晴。"云层在夜间消散较快，能见到大范围星光；如果继续维持下去，说明降水系统已经移走或减弱消失，第二天的天气将转晴。

包围地球的大气层处在不断变化和波动中，空气密度分布很不均匀。受温度、水汽的影响，空气密度在不断地变化。星光在通过疏密不均的大气时，会发生折射，变换自己前进的路径。这样，我们看到的星星自然会忽明忽暗，闪烁跳动。大气层处于不稳定状态，空气密度变化大时，星光闪烁现象就明显；大气层很稳定，空气密度变化小时，星光闪烁现象就减弱。久晴之后，若发现星光闪烁加剧，这意味着上空出现了冷暖不同的气流，空气密度发生了较大的变化,预示天气将要转坏。目前,我国沿海一带的气象台站,常通过对星光闪烁的速度、方位和颜色的观察来预测热带风暴的影响。

观天色测天气

　　天空的颜色变化多端。我们常看到晴朗的天空是蔚蓝色的。天气越晴朗,天空的蓝色越澄澈。当天气变坏时,天色是灰暗的、混沌的,好像天穹要压下来似的。雨过天晴,太阳一出来,整个天空碧空如洗。因此,根据天空的颜色可以预测未来的天气。过去人们一直认为大气本身就是蓝色的,后来经过观察与实验,确定大气是无色的。天空的蔚蓝色,是阳光在穿越大气层时受到尘埃、水汽和其他微粒的散射作用所造成的。当空气中微尘、水汽增多时,天色就显得混浊。散射光中的长波光线与短波光线相混合,天空蓝色中就会添加白色,成为带灰白色的淡蓝色。根据这一道理,人们可以从天空蔚蓝色的纯净程度来推知大气中微尘和水汽的多少,预测未来天气。当天空由蓝色逐渐变成灰白、灰黄时,预兆天气将变坏。湿度如果很小,表示大气中多粗粒沙尘,那就是风兆了;湿度如果很大,表示大气中水汽增多,天气可能转阴雨。民谚"人黄有病,天黄有雨",是有科学道理的。

　　我国古代咏霞的诗词和用朝暮霞光来测天,说法颇多,其中"朝霞不出门,晚霞行千里"流传最广,最具代表性。这是由于我国大部分地区位于西风带,一年中降雨的云大部分时间是随高空的西风由西向东移动的缘故。当早晨东方天空出现红霞而西方天空布满云层时,预示西方的云层将很快随西风向东移到本地上

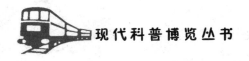

空,中午前后可能有风雨。晚霞出现,一般表示西方没有厚的云层,地平线下的太阳余晖能够照射到天空映成红霞,预示天气将晴好。

在观测云、能见度、天气现象时,还可以对大气混浊度进行系统的连续观测。把天空的蓝色按其深浅度分为0~5级,自制"天色蓝度表"。每天进行对比观测,记录其等级,再参照天气系统和其他气象要素的变化,来预报未来天气。

为什么许多动物会预报天气呢?

1787年,法国拿破仑的军队攻破荷军防线,长驱直入。面对势不可挡的敌军,荷兰人开启了各条运河的水闸,掘开水坝,用洪水阻挡法军的进攻。汹涌的洪水将法军围困在一个"孤岛"上,使拿破仑的军队陷入困境。这时,一名法国士兵发现一只蜘蛛在不停地往自己身上缠丝。面对这一奇特现象,这位士兵认为:蜘蛛肯定是因为怕冷才往自己身上缠丝的,说明寒潮很快就要来临。指挥官听说后,立即向法军统帅皮舍格柳(拿破仑的老师)报告。皮舍格柳当机立断,立即下达停止撤退的命令。不久,寒潮果然来临,一夜之间,江河封冻。法军绝处逢生,士气大振,迅速踏冰越过瓦尔河,经过激战,终于占领了荷兰军事要塞乌德勒支城。从此,蜘蛛具有预测天气的本领为人所知。

为什么许多动物会预报天气呢?这是因为自然环境非常严酷,动物为了求得生存繁衍,在几亿年的进化过程中,对天气变化逐步形成了一种本能的反应,能在天气发生变化之前便有所感觉并采取保护措施。而人类正是通过对动物的长期观察才认识到:

动物在不同时间里的各种表现,预示着某种天气将会出现。

在自然界中,有许多动物能对未来的天气做出较为准确的预报。据不完全统计,具有这种"特异功能"的动物有600多种。

"蜘蛛收网,有雨不过晌;蜘蛛织网,天气变晴朗。"蜘蛛忙于织网,预示天气晴好;蜘蛛若躲在角落里不动,表明12小时内将有大风雨出现。原来,蜘蛛腹部的后端有6个吐丝器,吐丝有1000多个小孔。降雨前,空气湿度增大,潮湿的空气将吐丝器"堵住",吐丝器就会发出警报:"天要下雨!"于是,蜘蛛就躲藏起来。当天气转晴时,空气湿度缓缓下降,吐丝器会及时通知蜘蛛:"天要晴了,快醒醒吧!"这时,蜘蛛会伸伸懒腰,然后又开始编织新网捕捉食物。

"蜜蜂出巢天气晴""蜜蜂不出工,大雨要降临。"在晴朗的天气里,花蕊易散发出香气,分泌出甜汁。蜜蜂便起早贪黑,忙碌于百花丛中。蜜蜂若集体呆在巢中歇息,就意味着气压降低,空气湿度增大,天气将要变坏。蜜蜂还能准确地估算出几分钟后将有大雨,而抓紧时间采蜜,并及时安全地返回蜂巢。秋天,蜂巢入口如果开得很大,预示暖冬将要来临。

"蚂蚁垒窝要落雨。"蚂蚁在雷雨来临前要封闭蚁穴入口;蚂蚁若将蚁穴搬迁到树上,预示将有大暴雨出现。秋天,蚂蚁若将蚁穴造得很高,便是寒冬即将到来的征兆。

"雨中闻蝉叫,预告晴天到""蝉声长鸣转晴,短鸣有雨""知了鸣,天放晴"。蝉的胸和第一腹节之间有发声器。有人把蝉鸣声录音复制并绘制出音频曲线,再与气象站的毛发湿度计自动记录曲线相比较,发现蝉对湿度的变化十分敏感。烈日当午,群蝉齐鸣,那悠扬的蝉声跃上高频区,此时正是空气湿度下降时段;当湿度增大时,蝉的声音会变得低沉,鸣叫次数明显减少。

蟋蟀在晚间高歌,第二天肯定是个阳光明媚的好天气。蜻蜓

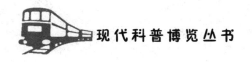

飞得高而平稳,则预示着晴天;若是上下翻飞、成群乱窜,甚至闯入室内,几小时后暴雨就会来临。

青蛙是人们熟知的"晴雨表"。青蛙总是趴在岸上高处捕食昆虫,说明天气晴朗干燥,近日无雨;青蛙如果钻进水中不出来,或者隐蔽在植物下面,预示将有阴雨天气。这是因为昆虫晴天时高飞、阴天时则贴近水面飞行的缘故。"青蛙哑叫,雷雨前兆。"青蛙是用振动声带鸣叫的动物。雄蛙除振动声带外,在咽喉两侧还有一对外声囊鸣鸣叫时鼓出两个大气囊,使得声音更加洪亮。晴天时,青蛙一连要"咯!咯!咯!"地叫3声以上,稍停几秒钟以后再叫,声音洪亮而清晰。但在雷雨来临之前,青蛙叫声就显得有些嘶哑,而且一般叫两声就停下来,休息几秒钟后再叫。音量很不均匀,第一声大,第二声小。

"雨蛙叫,大雨到。"雨蛙大多数为绿色,脚趾上有圆形吸盘,能爬到树上和玉米、高粱等高秆作物上捕食。晴天,雨蛙一般躲在树下阴凉的草丛中或潮湿的土穴里。只有在大雨、暴雨将要来临,空气湿度增大时,它才出来捕食,并且会发出小鸡一般的叫声。

"癞蛤蟆出洞,下雨靠得住。"癞蛤蟆是两栖动物,它的肺呼吸功能弱,还要靠皮肤来帮助呼吸,因此需要经常保持皮肤湿润。癞蛤蟆很怕阳光和干燥天气,喜欢阴凉和潮湿的环境,所以,天晴时总是躲藏在阴暗潮湿的洞穴里,到晚上才出来活动。只有在天空阴云密布快要下雨时,癞蛤蟆才会在白天爬出来寻找食物。

泥鳅若在水中上下翻腾,焦躁不安,使水面冒出很多气泡时,则表明气压低,预示不久将下雨或刮偏北风;反之,泥鳅若静栖水底,则说明水中氧气充足。气压较高,未来天气晴好。

当乌龟把脖子伸得长长的露出水面时,说明气压低,水中含氧少,第二天有雨;若乌龟把脖子缩进体内并栖息在水底,则次日无雨。

　　观察动物的生活习性如同观赏奇花异草一样,不仅能够培养我们的观察能力、丰富我们的知识、增添生活的乐趣,而且还会使我们更加热爱大自然,保护大自然。

晴 雨 表

　　经过长期的物候观测发现,鸟类对天气变化十分敏感。每当天气发生变化之前,鸟的鸣叫声和生活习性就会发生某种改变。"细雨鱼儿出,微风燕子斜""天晴花气漫,地暖鸟声和"。这些优美的诗句,不仅给人以艺术上的享受,而且让人们从中了解到鸟类具有测天的特殊本领,启发人们根据鸟的种种表现做出准确的天气预报。

　　被称为"晴雨表"的麻雀,在晴天的早晨总是东跳西跃的,不断发出"叽叽喳喳"的叫声,这表明天气将继续晴好。麻雀若缩头缩脑地躲在屋檐下,发出"吱——吱",的叫声,则预示阴雨天气即将来临。

　　"仰鸣则晴,俯鸣则阴",是古代《禽经》中关于喜鹊能预测天气的最早记载。清晨,喜鹊如果在树上活蹦乱跳,发出清脆婉转的叫声,表示当日天气晴好;若在枝头间来回蹦跳,低头乱叫,则预示未来24小时内将有阴雨天气出现。喜鹊若忙碌地贮存食物,则预示不久将有连绵阴雨天气出现。

　　"燕子飞得低,快快备蓑衣。"燕子是捕捉飞虫的能手。燕子低飞,预示天将下雨。因为下雨前,空气湿度较大,昆虫薄膜似的翅膀遇湿变重,所以飞不高,只能在低空盘旋。燕子为了捕食这些飞不高的昆虫,只得低飞,好趁雨前饱餐一顿。

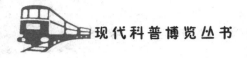

"子夜杜鹃啼,来日晒干泥"。杜鹃在夜晚鸣叫,预示次日白天晴朗少云,天气由冷转暖。

"鹧鸪始鸣,割麦插禾不停""燕子巢边泥带水,鹧鸪声里雨如烟"。鹧鸪的各种叫声,常是不同天气的预兆。晴好的天气里,它不急不慢,"咕咕咕,咕咕咕"地叫着,声音清脆,没有拖音;晴转阴雨时,它就连叫"咕咕——咕,咕咕——咕",声音嘶哑,后一个"咕"叫声重,拖音长。

"乌鸦沙哑叫,阴雨就来到。"乌鸦在晴天发出"像口中含水"的叫声,预示将有阴雨天气出现;若是在雨天发出叫声,则预示雨将继续。乌鸦在河里"洗澡"后,停在高枝头上,预示有大风;停在低枝头上,预示将下雨。乌鸦若在高空飞行时发出嘶哑的叫声,预示天将下雨或刮大风;若在低空飞行时发出单调的鸣叫,则预示天气晴朗。

黄鹂鸣声似长笛,预示天气晴好。它若发出像猫叫的声音,往往会转为阴雨天气。

画眉在树枝上欢蹦乱跳,不断鸣叫,是晴好天气的预兆。它若隐居枝头,行动诡秘无声或销声匿迹,则雨天将至。

"鸭子潜水快,天气要变坏。"鸭子在水上忙于觅食,预示大雨将至。

候鸟大雁秋天南飞早,则北方冬天冷得早;飞得迟,则冷得晚。春天大雁北返的早迟,是当地天气转暖早迟的先兆。若不见雁南飞,必是大暖冬。

世界上最早的温度表的诞生

利用仪器进行气象观测是人体感觉的延伸。在利用仪器进行气象观测的初级阶段，我国曾经走在世界前列。早在公元前2世纪，我国就利用炭的质量变化和琴弦的伸缩来测量大气湿度。汉初，装置在"灵台"上的相风铜鸟，是用来测风向的。明永乐末年(1424年)，朝廷曾向全国统一颁发雨量器，用来收集、了解全国各地的降雨情况。这是世界上最早的正规雨量观测。

随着欧洲工业的萌发，从16世纪末至19世纪中叶，大气探测在物理学的基础上发展起来，一系列测量大气的仪器先后发明出来并投入实际应用，气象科学进入了成长时期。标志着这一时期的开始是世界上最早的温度表的诞生。

古人判断物体的冷和热，唯一的办法是靠人的感觉，但是这种办法很不可靠。可以做个实验：在3个容器中分别倒进冷水、温水、热水。左手浸在冷水中，右手浸在热水中。半分钟后，将两只手都放到温水中。这时，你的左手会感到水很热，而右手却感到水很冷。显然，这种错误的感觉完全是人为的。怎样才能正确地判断物体的冷热呢？为了解决这个问题，意大利科学家伽利略制造出世界上最早的温度表。

伽利略(1564—1642)是一位声誉颇高的学者和音乐家的儿子。1581年，他进入比萨大学学习医学，但他喜欢数学而对医学没有兴趣。当时体温表还没有问世，伽利略想："怎样才能测到病人的体温呢？"1603年，伽利略根据物体热胀冷缩的原理，制作了一枝一端吹成球状、一端开口、长45厘米的细玻璃管温度表。开始测温时，球部在上，先用双手握住玻璃管顶部的球，使球内空气受热膨胀，然后把玻璃管口插入水中，放开双手，管内空气变冷收缩，水就被吸了上来。玻璃管上有刻度，这样就可以在小范围内测量物体的温度。伽利略首先用它给他的学生们做体温测量试验，意外发现人体的正常温度是相同的这一规律。如果病人正在发烧，水柱就会升得比正常人高。不过，伽利略的这种以空气体

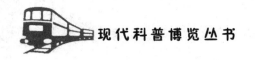
积的变化作为指示的温度表，用于测量空气温度，还不够准确。

以后又有人把球部缩小并置于下面，管内盛水，水柱高度会随着周围环境温度的变化而变化。这就是现在人们常用的水银或酒精温度表的雏形。可是，由于水面露在大气里，而大气压力经常变化，因而严重影响了对温度的准确测量。这种温度表很快就被各种封闭式的液体温度表所取代。

1714年，德国物理学家华伦海特，在前人研究的基础上，给温度表内装入水银后加热，使液面上升到管子顶部，然后封闭玻璃管，冷却后水银收缩，液面下降，玻璃管上部呈现真空。华伦海特在制定温标时，把融化的冰和盐的混合温度规定为0度，把人体温度作为另一固定点，取96度。将纯水的冰点定温度为32度，水的沸点温度为212度。

1742年，瑞典天文学家摄尔修斯，为温度表制定了一种新的温标。他把冰融化的温度取为100度，水沸腾的温度取为0度。现代的摄尔修斯温标即摄氏温标，水的冰点温度为0℃，沸点温度为100℃。

"热极"与"冷极"

有了温度表，人们才知道地球上哪里最热，哪里最冷。从年平均最高温度来看，地球上最热的地方在北纬10度，这个纬度圈被称为"热赤道"。这是因为北半球陆地比南半球多，而陆地在低纬度较海洋暖。

气温的高低受地理纬度、陆地的多少、气流的来源、海流和海拔高度的影响，所以，地球上7月最高温度是在北纬15~40度的沙漠地带,该处7月平均气温达35℃,世界上最大的沙漠撒哈拉沙漠中有的地方能达到36℃。在北非利比亚的阿济席亚曾观测到58.5℃的世界气温最高纪录,被称为世界的"热极"。中国最热的地方是吐鲁番盆地。神话小说《西游记》里所描述的火焰山,就坐落在这里。由于地形闭塞,高度在海平面以下,最高气温达到47.8℃。这里所说的空气温度,都是指距地面1.5~2米高的百叶箱中的温度。暴露在阳光下的干燥沙土上的温度要高得多。在热带环境下,土壤表面的温度可以达到80℃。

地球上最寒冷的大陆是南极大陆。苏联在南纬78度、东经96度的"不可接近站"测得当地年平均气温为-57.8℃,是世界的"冷极"。苏联的"东方站"曾测得-88.3℃的极端最低气温记录。6年后,挪威科学家又在极点附近测得-94.5℃的低温。

对于人体来说,最舒适的温度为17~20℃。酷热和酷冷都会给人体健康带来极为不利的影响。

"真　空"

在人类技术史上,水压机是一种最古老的汲水装置。它被广泛用于提取井水和河水。随着欧洲工业的萌发,采矿业有了很大发展,它又被用来汲取矿井中的积水。但人们发现,水压机的汲水高度始终不能超过10米。于是,人们绞尽脑汁不断对水压机进行改进。然而,办法想尽了,汲水高度仍超不过10米。原因何在?这个难题让科学家们足足冥思苦想了近2000年。

古希腊哲学家、逻辑学家和科学家亚里士多德(前384—前322),曾任亚历山大大帝年轻时的家庭教师。他在哲学、宇宙学、

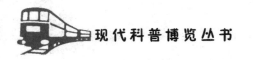

生物学、胚胎学、逻辑学等许多方面所发表的科学论文,对这些学科都起到开拓的作用。这也使他成为当时公认的学术权威。他认为"空气没有质量""大自然厌恶真空"。按照他的这个说法来推理,水压机应该能够把低处的水引向任意高度。

1592年,意大利物理学家伽利略经过苦心研究,认为空气应该有质量。他提出:如果用水压机去汲取比水密度大的液体,汲取的高度会更小。当他准备用实验的方法证实这一想法时,却不幸因病去世。

1643年,伽利略的学生托里拆利和维瓦尼,按照伽利略的思路在实验室内做了一个实验:他们在一根1米长、一头封闭的玻璃管内灌满水银,用塞子堵住开口的一端,把管子开口端向下倒立,放在盛有水银的杯子中,然后拔开塞子,让水银流入杯子里边。这时,奇怪的现象出现了:当管子里面的水银降低到比杯子中的水银面高出76厘米时,管子中的水银停止流出,并一直维持在这个高度上不变。即使把玻璃管倾斜,使水银柱长度增加,但管内外水银面相差的垂直高度仍然是76厘米。在玻璃管封闭端留下的24厘米高度的空间又是什么呢?经过鉴定,原来那里面除极少的一点水银蒸气外,什么也没有。这是世界上第一个人造真空,被称为"托里拆利真空"。

那么,到底是什么原因使水银柱能够一直保持在这个高度呢?为回答这个问题,维瓦尼进行了大量的研究工作。他认为:这是因为大气的质量向下压在杯中的水银面上的缘故。进一步研究证明,这个76厘米高的水银柱以及10米高水柱的质量,就等于截面面积与之相同、高度为从海平面到大气层顶部这样一个空气柱的质量。水压机之谜终于被揭开了。维瓦尼用实验证明了"空气有质量",从而彻底推翻了统治欧洲哲学界近2000年的"空气没有质量"的传统观念。

"真空"一经制造出来,很快就应用于各个科学领域。1650年,德国学者克查用实验证明"声音不能在真空中传播";10年后,物理学家波义耳证明"真空中不同的物体自由下落的速度是一样的"。

1660年,德国人葛利克经过长期观察发现:水银柱的高度是有变化的,每当风暴来临之前,水银柱的高度总会降低一些;而当水银柱升高一些时,天气又会变好。

给"托里拆利装置"配上一把标尺,这就是世界上第一枝水银气压表。现在气象站所使用的水银气压表与托里拆利装置在本质上没有任何区别。有了气压表,人们才发现大气中有高气压区、低气压区存在,才有了能预报未来天气的"天气图"。

马德堡半球实验

空气有没有质量?这个问题曾经是17世纪德国科学家们争论的中心。当时,酷爱科学的马德堡市市长葛利克决心用实验来证明空气是有质量的。最初,他从一个密封的木桶内抽出空气,结果木桶被外面的空气压碎了。接着,他又用铜片做了一个球,在抽出里面空气的过程中,这个球也经受不住大气的压力,被挤扁了。最后,他让工匠制作了两个坚固的铜半球,直径约几十厘米,合在一起是个空心铜球。当球内空气被抽出以后,铜球外部受到巨大的空气压力,使两个半球牢牢地结合在一起,用手去掰是绝对掰不开的。为了试试铜球究竟承受多大的压力,葛利克用结实的锁链系在两个半球上,然后用马来对拉。用了16匹马,才终于把两个铜半球拉开。在铜半球被拉开的一刹那,还发出巨大的声

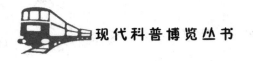

响，就像放炮一样。

1654年5月8日，市长葛利克在德国马德堡市的广场上，成功地表演了这个节目。到现场观看的德国皇帝、王公贵族和市民们，无不万分惊讶，不得不相信正是因为空气有质量，才会有大气压力存在这样一个事实。这就是著名的"马德堡半球实验"。这项实验，使人类开始认识到大气压力的威力。

地球大气有多重

"托里拆利真空"和"马德堡半球实验"，使人们不再怀疑地球大气有质量。在此之后，有人又提出这样一个问题：包围在地球周围的大气究竟有多重？

地球的表面积为5.1亿平方千米，大气层的上界在3000千米左右。对于这个看不见、摸不着的庞然大物，怎样称它的质量呢？这真是个有趣的想象。面对这个难题使人们想起了三国时期"曹冲称象"的故事。

7岁的曹冲，让大象站在船上，看船身下降多少。然后，沿着水面在船舷上做一个记号，再把大象拉到岸上。接着往船上装石头，等船下沉到有记号的地方，再把石头一块块搬到岸上，称一下船上石头的质量，就知道大象有多重了。

在当时没有能够称大象的秤的情况下，曹冲巧妙地通过分割求重，再求出总和的办法，对我们怎样求出地球大气层总质量很有启发。首先，假设大气是静止的，然后把大气分割成无数个垂直于地面的空气柱，每个空气柱的底面积为1平方厘米。这个空气柱是一条又细又长，从地面一直延伸至大气上界的立方体。在海拔高度为零米,也就是海平面高度上,安放一支水银气压表。这时,气压表中的水银柱高度为76厘米,这个水银柱质量就等于1平方厘米上所承受的大气柱的质量,叫做一个大气压,约为1.033千克/平方厘米。地球表面积为5.1亿平方千米,把它换算成平方厘米,再乘上1.033千克/平方厘米,得出大气层的总质量约为5300万亿吨,这就是整个大气层的总质量。无边无际、看不见、摸不着的大气层就被这样简便地算了出来。如果要用同样质量的铁来代替大气,那么,地球表面就要披上一层1.3米厚的铁铠甲了。谁能想到,无形无味、无色透明,近于虚无缥缈的大气,它的总质量竟大得如此惊人!

"头重脚轻"的赤道上空

包围地球的大气其厚度在3000千米以上,要了解未来天气、气候的变化,仅仅有地面观测资料是不够的,还必需有高空气象资料,才能对高层大气进行分析和研究。航空事业的发展更是迫切需要了解高空的气象状况,飞机的飞行高度至今还靠气压表来测量。

1749年,气象学家用风筝把温度表带上天空,最高能达到云层高度。这是最古老的、直接探测高空大气的尝试。1783年,法国人蒙哥菲尔兄弟发明了热空气球。载动物飞行实验成功后,气象学家杰佛里斯带着气压表、温度表、湿度表,乘坐热气球,第一次飞越英吉利海峡。这是人类第一次升空飞行,也是第一次对高空气象进行直接观测。1862~1866年间,英国气象学家格莱谢尔为获取高度更高的高空气象资料,不断提高热气球的飞行高度。

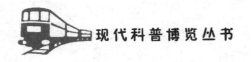

当气球飞升到8839米的高度时,由于高空严重缺氧,他刚记下气压表上的读数就失去知觉。同气球的一位探险家也冻得四肢麻木,但他用牙齿拼命打开控制阀门,气球放气后开始缓缓下降,他们才得以生还。显然,这种靠冒生命危险来获取高空资料的做法是不可取的。随着电子技术的发展,人们在地面就能了解到高空气象状况的梦想终于实现。1927年,世界上第一部无线电探空仪飞向了天空。

如今在城市,每天早晨和傍晚,人们都能看到从气象台放出的乳白色氢气球。它随风飘向高空。气球下面挂着的那件东西,就是无线电探空仪。这个质量不到1千克的小巧玲珑的探空仪,能测量从地面到40千米高空的气象要素数值,同时把测得的结果用无线电信号不断传递到地面接收站。

现在全球约有1000多个无线电探空站,形成一个高空观测网。这些观测站每天在统一的世界时间0时和12时定时观测两次;观测完毕后,立即把观测结果编成气象电码,发往气象中心。气象中心通过计算机把这些观测数据自动填写在高空天气图上并进行自动分析。气象工作者根据高空气象要素的变化,就可以对未来天气形势做出较为可靠的预报。科学研究、监测环境污染、飞机航线的安全保证和国防建设如导弹实验、炮兵射击等许多方面,都离不开高空气象资料。在国际上,各国之间还要及时地进行高空资料交换。

从无线电探空仪发射来的信号证实:空气温度是随高度增加而降低的,平均每上升100米,气温下降0.6℃。苏东坡有词道:"我欲乘风归去,又恐琼楼玉宇,高处不胜寒。"说明我国古人已经知道温度是随高度的升高而降低的。然而,进一步探测表明,到某一高度后,温度不再随高度改变而改变。再往上,温度反而增高,这个高度被称为对流层顶。从地面到对流层顶称? 对流层。这一层大气占整个地球大气质量的80%,大气中的水汽几乎全部都集中在这一层。云、雨、雪等天气现象也都发生在这一层中,因此,它与人类的关系最为密切。

为什么对流层内温度随高度增加而降低？这是因为对流层中的空气热量主要来自地面。太阳辐射的能量大部分被地面吸收,地面变成热源,并向大气辐射热量,使上空的空气变热。越靠近地面,空气越热;越远离面,空气受热越少,因此对流层顶温度最低。对流层顶在低纬度热带地区高度为17～18千米,在中纬度地区高度为10～12千米,在寒冷的高纬度地区只有8~9千米。由于对流层顶的高度愈高,温度愈低,因而世界上最冷的空气反而出现在全球地面温度最高的地方——赤道上空。

对流层下面热,上面冷,"头重脚轻",空气很不稳定,容易上下翻动,造成空气对流。对流的结果,使上、下层空气均匀混合,热量、水汽和尘埃微粒等得以往上输送,从而引起各种天气现象。

对流层以上是平流层。平流层的底部存在一个约有几千米厚、温度大致相同的区域。到20千米以上,温度随高度增加而升高;到50千米左右,气温上升至0℃,这里就是平流层顶。平流层的中、下部是臭氧层。臭氧能吸收太阳紫外线,使气温增高。所以平流层不像对流层,而是温度随高度增加而上升。这一层由于很少出现上升或下沉气流,水汽含量极少,不会出现云雨现象,所以总是晴空万里,很适合喷气式飞机飞行。

整个大气层按温度结构来划分,可分为5层:对流层、平流层、中间层、热层和外逸层。

"千里眼"

自然界瞬息万变,尤其在炎热的夏天,常常烈日当空,天高云淡;突然,乌云密布,狂风大作,闪电接连不断,暴雨夹带着冰雹,

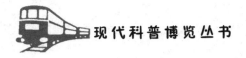

猛烈地冲刷着大地;不久,又晴空万里,碧空如洗。整个过程前后只有几十分钟或个把小时。像这类生成快、移动迅速、范围又只有几十到上百千米的小天气系统,在天气图上有时根本反映不出来。如果用气象卫星去捕捉,就如同用大网捞小鱼。因为整个天气过程,在卫星云图上仅表现为米粒大小的一点云,很容易被忽略。然而,在这种情况下,从下往上扫视的气象雷达却可以大显身手。

雷达是在第二次世界大战中,由英国物理学家阿普顿发明的。

1940年,法国投降以后,英国处于被德国法西斯吞并的危险之中。阿普顿等爱国科学家为保卫祖国,抗击德军入侵,都投身到这场正义战争中。为了打击空中强盗,阿普顿产生了用无线电波进行探测的想法。阿普顿认为:在无线电波中,微波穿透力强,只有在遇到目标物时才会产生反射。根据无线电测距原理,在发射无线电波后,只要能接收到从敌机上反射回来的回波信号并在荧光屏上显示出来,就可以很容易地确定敌机的大小、方位、距离和高度。经过反复实验,世界上第一部雷达研制成功。雷达成为英国防空部队的“千里眼”,使英国空军在一比十的劣势下,屡屡击败不可一世的德国空军。战后,军事评论家认为:“科学使同盟国赢得胜利,而最好的证明就是雷达。”

人们用雷达搜索空中敌机时发现,云、雨和飞机一样也会反射雷达发射的电波,并被雷达显示出来。为了排除“干扰”,雷达技师们绞尽脑汁,不断改进,但收效甚微。然而,这种“干扰”却给气象学家很大的启发。原来,视线以外无法感知的云、雨,可以用雷达来测定。这就促使了大气遥感探测的兴起。所谓遥感探测,就是观测仪器不直接接触被测物体,而在远处通过“波”来测出物体的特性。

气象雷达就是通过对云、雨连续观测,探测云和降水的位置和分布、发生和发展、移动和强度结构等的遥感设备。因此,用气象雷达可以获取雷暴、暴雨、台风、冰雹、龙卷风等灾害性天气的强度、位置及其移动变化情况的资料,并能及时报警。在人工影响天气的工作中,气象雷达能帮助人们选择人工降雨的作业云层,确定作业时机和部位。在人工防雹过程中,气象雷达更是不可缺少,在雨季,通过气象雷达能定量测量降水,估算江河流域的总降水量和洪水流量,为防汛抗洪和水库的调度提供重要依据。

　　20世纪60年代以来,激光雷达、声雷达相继问世,给气象科学的发展带来了新的活力。激光雷达明察秋毫,不仅可以对大气温度、气压、湿度、风向风速等基本要素进行探测,而且用它可以看到大气中的烟、尘等微小粒子,监测大气环境和火山尘埃。

　　声雷达是气象雷达中的后起之秀,它和无线电雷达、激光雷达一样,也是由发射、接收和显示三大部分组成。用它可以将低空逆温层、热对流状况等大气结构的图像直接显示出来,并定量测得低空温度和湿度。

"风云3号"

　　1960年4月1日清晨,在美国东海岸的一个火箭发射基地上,一枚"雷神——艾布尔"运载火箭腾空而起,把世界上第一颗气象卫星"泰罗斯1号"成功地送上轨道,从而揭开了观测全球大气的序幕,把先进的空间技术引入气象科学领域。

　　几十年过去了,世界上许多国家都发射了气象卫星,建立起地面卫星接收站,每天从世界气象组织卫星观测网接收卫星云图

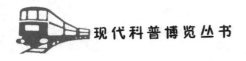

和各类卫星资料。

在人造卫星上天之前，人们只能依靠在陆地和海洋上设立有限的观测点，以及施放探空气球和发射探空火箭，来获取一定范围内的气象观测资料。而在地球两极、人烟稀少的山地高原、荒凉的沙漠以及古地球表面积70%以上的海洋上，就很难设立正常密度的气象观测站。由于无法全面了解地球大气变化规律，因此不能及时做出正确的、较长时期的天气预报。

自从卫星上天以来，发生在低纬度海洋上的热带风暴，没有一个能逃脱气象卫星敏锐的眼睛。对于温带地区的暴风雨、寒潮、龙卷风、干旱等灾害性天气，气象卫星居高临下，能够准确无误地确定其位置、范围、强度和移动路径，及时做出准确预报，从而把气象灾害造成的损失减少到最低限度。

我国发射的"风云3号"气象卫星，能够对大范围洪涝、干旱、农作物植被生态、地表温度、林火、地震前兆、洋流变化、大气臭氧层变化、全球温室效应，以及全球气候异常等整个变化过程进行监测，提高了对大范围自然灾害的预测能力，为防灾减灾及时提供信息。

无线电探空仪

17世纪以前，人类靠肉眼观察天空，积累了丰富的看天经验，但那时基本上处在定性认识阶段。温度表、气压表、风向风速仪以及毛发湿度表等测量仪器的诞生，使人类感觉得以延伸。它们拓宽了人类的视野，使气象观测和气象研究开始进入定量阶段。这以后有了地面气象观测站，才有了系统的地面气象观测资料。

无线电探空仪的问世,使人们能清楚地了解到大气层的结构和大气运动的规律。可以说,每发明一种新的气象仪器,都会为人类深入认识地球天气和气候,提供一种新的科学方法,从而推动气象科学向更广阔的空间发展。相反,没有新的气象探测仪器设备出现,气象科学就会处于一种停滞状态难以向纵深发展。

大气王国评奖记

暴雨、台风、雷暴等强烈的对流天气出现时,常常给人们的生命财产带来巨大损失;二氧化碳的"温室效应"使地球变暖,海平面上升,导致气候异常;沙尘暴连年出现,使环境变得更加恶劣。因此,在人们心目中,暴雨、台风、雷电、寒潮等都是灾害性天气,二氧化碳气体变成有害气体,尘埃更是一无是处。怎样正确理解、认识自然界中的这些现象呢? 为了把这些复杂的科学问题说明白,何妨讲几个科学童话。

清晨,东方刚露出鱼肚白,大气王国评奖大会主席氮气便早早来到会场。接着进入会场的是大气王国的元老氢、氦、氖、氩、甲烷和水汽。紧随其后的是氧、二氧化碳、氪、一氧化二氮、一氧化碳以及氙气等。大气家族中,凡对地球生物有毒害的人造气体以及水汽家族中的酸雨等,都被拒之门外,一律不准进入会场。

此刻,作为大气王国歌舞团的总导演——太阳已经从东方地平线上走来。为了给大会增添喜庆色彩,他给小水滴、雪花和水汽披上了绚丽夺目的霞衣。一时间,彩云飞舞,金光万道,整个天空变得五彩缤纷;会场充满欢乐、喜庆的气氛。

大会开始,氮主席首先讲话:"各位嘉宾、各位代表,自从我们

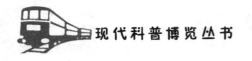

大气王国诞生以来,地球在我们精心呵护下,产生了生命,大气王国的成员也有所增加。经过45亿年的进化、演变,今天终于出现包括微生物、植物、动物和人类在内的整个生物界空前繁荣昌盛的局面。在这漫长的岁月里,各个家族都做出巨大努力,功不可没。我们这次大会,就是要把对地球生命贡献最大的气体家族评选出来,进行表彰奖励,目的是为了把我们的星球建设得更加美好。"氮气老成持重,在大气王国里,各个家族都把他视为智慧的化身。

体态轻盈的氢气首先发言:"我认为,氧气对地球生物的贡献最大,氧在我们大气王国里占20.94%,是仅次于氮气的第二大家族。氧和我与地球一起诞生,我们结合生出了水,这才使得整个地球逐渐变得生机盎然。可以说,没有氧气就没有地球生命。"

不习惯于在大庭广众讲话的氖气还没发言,小脸已胀得绯红。她鼓起勇气说:"燃烧也离不开氧气,氧是一种最重要的助燃剂。没有火哪有今天的人类文明!"

"我提氮气。氮气勤勤恳恳、任劳任怨。氮气在我们这个大气王国里占78%,是最大的家族,贡献也最大。氮是植物制造叶绿素的原料,也是制造蛋白质的原料,因此也是地球上生命体的基本成分。全世界的农作物在一年内要从土壤中摄取9200万吨氮!氮肥是植物生长三大要素——氮、磷、钾中的老大。"平时不大讲话,开会就爱坐在角落里的氩气轻声细语地说道。

为了让大家都能听到,氮主席让他大声重复了一遍。

"水汽贡献最大!"刚刚从20多千米的高空赶来参加大会的臭氧,手里还拿着一个大盾牌,一进会场就气喘吁吁地说:"水汽的本领最高强,是我们大气王国里唯一可以在冰晶、水滴和水汽3种形态中自由变换的家族。有了水汽,才使地球上有了千姿百态的云雾、雨雪、晕华和霜露等天气现象,陆地上才有了江河湖泊。水是生命的命脉，没有水就没有生命。水汽的功劳应该是最大的。"

"我来说两句。"水汽用她那圆润、清脆的嗓子大声地说："首先让我们向终年坚守在20多千米高空的臭氧表示诚挚的敬意。是他们不畏艰险，不辞劳苦，英勇地抗击着来自太阳的入侵者——紫外线，保护着地球生物的安全，人类都称赞臭氧是'生命的保护神'。如今，大气臭氧层遭到破坏，不仅使地球变暖，而且使数以万计的人患上白内障、皮肤癌。我想给臭氧评奖一定能唤起人类对臭氧层的保护意识。"

从来不爱在会上发言的氩气、氪气和氙气，听人类说他们不活泼又很懒，都管他们叫"惰性气体"，心里一直很不高兴，所以这回就异口同声地说："我们认为大气王国的每个家族都有自己的特色，各有所长，有的活泼好动，有的老成持重，有的因袭保守。尽管如此，大家彼此都是安分守己，和睦相处，为建设美好的地球家园各尽其能。因此，应该评个先进集体。"

氮主席请坐在嘉宾席上的地球人讲话，地球人说："地球大气王国是宇宙中最伟大的王国。在浩瀚的宇宙中，至今还没有发现哪个行星上有生命存在。这是因为那些星球上没有一个像地球这样完美、和谐的大气层。大气王国对整个地球的贡献远不止上面各位谈到的那些。大气王国不仅源源不断地供给地球生物呼吸、维持生命活动所需要的氧气，而且还使太阳辐射到地球上的热量不会过分散失，使地球上的温度不至于升得过高或降得过低。令人叹为观止的是大气臭氧层。他们的体积在大气王国里只占0.000007%，但是他们却能把入侵地球的紫外线中的99%吸收掉，从而使地球上的生灵万物免遭灭绝。臭氧完全可以称得上是一位智勇双全的'生命的卫士'。

大气王国还是一道天然屏障。来自宇宙空间的大量星际物质，在落到地球之前与大气剧烈摩擦生热燃烧，绝大多数化为灰

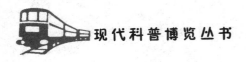
烬,从而避免了对地球猛烈撞击而造成的灾害。他是'地球的保护神'。地球有今天,人类有今天,首先应该感谢各个大气家族。

尽管人类面临着全球性环境危机,但是地球人在受到大自然无情的惩罚后已经认识到:保护大气层,保持生态平衡,就是保护人类自己。随着社会进步,人类一定能创造一个空气清新,水体纯净,到处是苍翠的树木、盛开的鲜花的井然有序的文明世界。"

氮主席:"二氧化碳和尘埃也是我们大气王国的元老,都是有功之臣啊。可最近这几十年呀,人类总是不断地批评二氧化碳和尘埃,说二氧化碳和他的那些温室朋友们把地球的温度给抬高了,弄得海平面上升,气候反常;说尘埃危害了人和动物的健康,影响了植物的光合作用。我们大气王国的不少成员也认为二氧化碳和尘埃给大气王国抹了黑,让我在大会上对他们提出批评。还有的提出尘埃本来就不是气体家族,它不应该是大气王国的成员。我想这些问题还是先让他们自己谈谈吧。"

二 氧 化 碳 的 功 与 过

"二氧化碳在地球形成之初,随同火山爆发喷射出的岩浆一起来到这个世界上。尽管我们仅占大气总量的0.03%,只有7000亿吨重,但是在建设地球家园的过程中,我们总是不遗余力地工作着。一方面让绝大部分太阳辐射到地面,另一方面又强烈地吸收地面辐射出来的热量。我们就像一个巨大的玻璃罩,把地球'封闭'起来,以保持大气和地球温度,使地球昼夜平均温差不超过20℃,为地球生物提供良好的生存条件。因此,人类称我们是'温室气体'。我们还参加动物的呼吸循环和植物的光合作用,被誉为植物的'气体面包'。几十亿年来，我们和生物界所建立的物质循环系统基本上处于一种稳定的平衡状态，为整个生物界的进化、演变提供了良好的环境。我们没有想到，由于人类活动范围的扩展，特别是近100多年以来城市化、工业化、交通现代化的高速发展，世界人口激增，矿物能源被大量消耗，绿地面积急剧减少，结果是氧气减少，二氧化碳增多，使生态平衡遭到了破坏。

人类在大量消耗矿物能源，不断释放出二氧化碳的同时，还大量'克隆'二氧化碳，有的被压缩变成固体'干冰'，成为制冷剂和人工降雨中的催化剂；有的成为工业原料，用于制纯碱、尿素、糖和汽水等工业生产上。二氧化碳比空气重、不助燃，许多灭火器也是利用化学反应产生二氧化碳来灭火的。舞台上云雾弥漫的仙境效果也用的是干冰。其实，这些工作我们都乐意去做，只是不要乱垦荒地、滥伐森林、污染海洋，断了我们的去处。

在大气王国里，我们一直排在氮、氧、氩之后。我们为什么坚持把自己的体积控制在0.03%呢？这是因为我们如果在大气中占到1%，就会严重危害人类的健康；达到4%~5%时，就会使人呼吸逐渐停止，直至死亡。现在，大气中'人造二氧化碳'逐年增多，使作物叶片中碳水化合物的含量明显增加，营养价值降低，昆虫的食量随之增大，从而给农作物带来更加严重的危害。'人造二氧化碳'增多，还会引起全球气候变暖，海平面上升，气候异常，旱涝灾害频繁。但这一切都不是我们的过错，而是人类自己急功近利和无知造成的。在过去的45亿年间，我们为营造一个美好的世界，做出了应有的贡献。保持生态平衡，保护好环境，同样也是我们今后要继续做的工作。"

二氧化碳的发言得到大家的掌声，误会也消除了。经常爱批评二氧化碳的氧气走上讲台，在一片掌声中与二氧化碳紧紧拥抱在一起，毕竟他俩是长期合作的伙伴。

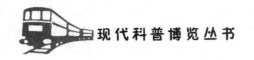

这时地球人也站起来激动地说："二氧化碳的发言对我很有启发。现在常说的大气二氧化碳增加，确实指的是人造二氧化碳这部分。世界人口激增，能源消耗必然增大；城市过度开发，绿地面积就会减少。大量燃烧煤、石油、天然气、木柴，焚烧垃圾，二氧化碳能不增加吗？现在，人类已经制定出降低大气中二氧化碳的具体措施，那就是要严格控制人口增长，绿化城市和山川原野，积极防治大气污染。在发展太阳能、风能、氢能等清洁能源的同时，还要保护好海洋。海洋是大气二氧化碳的贮存器和调节器。一般情况下，在高纬度地区，海洋吸收大气中的二氧化碳。在低纬度地区，海洋向大气放出二氧化碳。茂密的热带雨林能够大量吸收二氧化碳，呼出氧气，被称为'地球之肺'。因此，我们一定要保护好热带雨林，防止海洋污染。

大自然的完美总是让人惊叹不已。二氧化碳如果太少，整个地球上的水便会冻结成冰，一切生命活动就将停止。二氧化碳多了更可怕，人体温度为37℃，气温只要上升到35℃时，人就很容易中暑。环境温度如果一直保持在44℃以上，那么不要多久，人类的一切活动就将停止。显然，不断减少二氧化碳的排放量是我们地球人义不容辞的责任。"

刮目相看的尘埃

氮主席："下面请尘埃发言。"

尘埃站了起来，但没有走上讲台。他环顾全场，用低沉的语调说："在大气王国里，我们是外来户。大家都说我们属于另类，有的甚至说我们是一群最令人讨厌的'无业游民''流浪汉'。尽管我们积极主动地做了许多有益于地球生命的工作,但始终得不到大家的理解。一说到大气污染就把我们扯上,然后把我们说得一无是处。今天我也不想多说什么,只想听听大家对我们的看法。"尘埃委屈地摇摇头,坐了下来。

没有谁站起来讲话,会场一下变得格外安静,但大家似乎都在思考着这样一个问题:难道说尘埃就只有缺点,没有优点吗?

水汽首先打破沉静,她说:"在大气王国里,跟尘埃打交道最多的恐怕只有我们水汽了。当地球人怀着喜悦的心情说'春雨贵如油'‘久旱逢甘霖'‘瑞雪兆丰年'时,想到的是我们水汽,却从没有人夸奖过尘埃。实际上,如果没有尘埃参加,我们水汽再多也没用,还是形成不了云雾,更不要说形成雨雪了。可以毫不夸张地说,如果把尘埃彻底清除出大气王国,地球上就会出现河流干涸,土地龟裂,自然界的一切都将走向今天的反面。说真的,尘埃是很有魅力的。"话刚讲完,水汽便迫不及待地跑过去与尘埃热情地拥抱在一起。

地球人在沉思片刻之后,站起来发言:"尘埃最大的缺点就是常常把我们这个干干净净的世界搞得乌烟瘴气。尘埃无处不在,许多细菌、病毒和虫卵就是跟着他们到处'漫游'传播疾病的。医院的手术室里,需要无菌操作,如果有尘埃存在,就会发生一些意外的事情。工业粉尘危害更大,能使许多人患上各种难以治疗的职业病。面粉厂里粉尘过多,可能会引起爆炸。减少空气中的含尘量,是保护人类和动物健康、提高农作物产量、发展高新技术的需要。在这些方面,尘埃确实令人讨厌。不过,没有尘埃也不行。如果没有尘埃,阳光就得不到反射、散射,地球上就会漆黑一团。只有当太阳辐射在大气中遇到尘埃微粒时,太阳辐射的一部分能量才会向四面八方散射开来,天空才会是蓝色的。散射可以改变太阳辐射的方向,使日出前和日落后天空依然明亮。

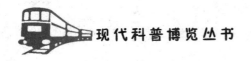

我们曾做过这样一个实验:把密闭容器中没有尘粒的纯净空气进行冷却,相对湿度达到400%时仍没有水滴形成。而在自然界中,只要水汽稍稍超过饱和状态,也就是当水汽的相对湿度达到100.2%时,就会凝结生成小水滴。这是因为尘埃有吸湿性,饱和水汽首先在空气中的尘粒上开始凝结成小水滴。尘粒起着凝结核的作用。我们知道,形成降雨要有3个条件:一是充沛的水汽;二是强烈的上升运动;三是足够的凝结核。尘埃作为'凝结核'与水汽相结合,可以形成厚厚的云层。云层像个'棉被',可以阻挡阳光直射地面,使地面温度不会升得太高;同时又阻挡地面辐射返回太空,使地面温度不会下降得很低。此外,悬浮在大气中的尘埃就像地球的遮阳伞。它能反射和吸收太阳辐射,特别是能减少紫外线透过,使到达地面的太阳辐射减弱,从而使地面气温下降。没有尘埃,宇宙中的许多有害射线都将毫无阻拦地闯到地球表面,对地球生物构成致命的威胁。

最近,我们还发现尘埃会随风飘扬,把各种营养物质带到沉降的地方。尘埃在空中运动的路线是有规律的,他们就像气流一样携带着各种元素和矿物质,帮助陆地和海洋生物生长。海洋里最重要的元素之一是铁。铁养育了海洋里的浮游生物,浮游生物又养育了鱼及其他海洋生物。从非洲、亚洲吹向美洲的尘埃,能供应那里海洋所需铁的一半。这就是为什么鱼群总喜欢聚集在尘埃运行路线上的缘故。

在陆地上,亚马孙河流域的雨林之所以如此茂盛,也应归功于非洲尘埃里的一种叫磷酸酯的物质。它是植物生长的关键元素,而亚马孙河流域里的土壤中缺乏的正是这种养分。"

尘埃没想到,地球人在批评了他的错误之后,还这样充分地肯定了他的贡献,这使他万分激动。他诙谐地说:"只要地球陆地有2/3的土地披上绿装,没有人造尘埃,想找到我可就没那么容易了。那时,我就成你们地球人的稀客。"

大会最后评选出3个对地球生命贡献最大的气体:氧气、水汽和臭氧。"生命之气"的奖杯授给了氧气;"生命的命脉"奖杯授给了水汽;"生命的卫士"奖杯授给了臭氧。地球人将一面写有"生命的摇篮"的巨大锦旗,献给了大气王国。

莫道台风全是过

1970年11月12日,孟加拉国的吉大港遭受台风袭击,至少有30万人失去了生命。这是近代气象史上危害最大的一次台风灾害。台风过后,死伤者随处可见。平时热闹、忙碌、充满朝气的吉大港变成令人恐惧的死港。风暴中遇难者的尸体,有的漂浮在水中,有的被压在倒塌的建筑物下;空气中弥漫着腐败的臭味,地上到处淌着鲜红的血水;城市中几乎看不到一个衣冠整洁的人,听到的是幸存者的呻吟和呼救声;只有老鼠在废墟中跑来跑去。财产损失同样触目惊心:台风袭来时,参天大树被连根拔起,路边的水泥电杆和广告牌东倒西歪;由于台风中心气压极低,铁门紧闭的仓库因内外压力相差太大而发生爆炸;许多设施及建筑物在风暴冲击下顷刻之间被摧毁,整个城市几乎找不到一处完整无损的原物。美丽的吉大港变成了一片令人惨不忍睹的废墟。

盛夏季节,在热带海洋上常会出现一种中心附近风力在12级(风速>32.6米/秒)的强热带气旋。它是一团围绕着自己的中心做逆时针方向高速旋转、风力从外围向中心逐渐增大的空气团。这个大气涡旋与水中涡旋和地面上的旋风很相似,但在范围和强度上却要大得多。强大的热带气旋出现在西太平洋和南海上的,称

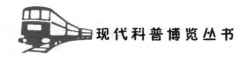

为台风;出现在大西洋和东太平洋的,称为飓风。范围较小的台风,直径在200～300千米;特别强大的,直径在1200~2000千米。

台风的源地靠近赤道,那里一年到头十分炎热,海水温度很高。夏秋季节,在阳光强烈照射下,湿热的空气膨胀变轻,急速上升;达到一定高度时,水汽遇冷凝结形成云,水汽在凝结时释放出大量潜热。台风从温暖的海洋中取得热能,又把它释放入大气之中,使空气团继续升温并上升得更快,这样就形成一个低气压中心。四周较冷的空气迅速流向这个低气压中心填补。在地球由西向东自转的作用下,很容易形成强烈的按逆时针方向旋转的空气涡旋。这时,如果遇到两股强大的气流相互撞击:一股是来自北半球赤道以北的东北信风;另一股是自南半球越过赤道而来的西南信风,这个涡旋在这两股气流的强烈冲击下转速会加快,中心气压越来越低,结果就形成了台风。一个直径为800千米的台风,可以在几个小时内把25亿吨水携来携去!它在一天里所释放出来的能量相当于50万颗原子弹的能量,若将这些能量转化为电能,可以给美国连续供电3年。不过,台风一旦登陆,能量来源就会逐渐减少,台风也将逐渐减弱而变成气旋。

关岛、菲律宾以东洋面和南海是影响我国台风的主要发生地。从辽东半岛至北部湾的广大沿海地区及岛屿,夏秋季节经常遭受台风袭击。据统计,平均每年有10个台风在我国沿海登陆。侵袭我国沿海地区的台风,以7～9月最多。

台风与一般气旋相比,最大区别是台风中心有一个"眼区"。这个"眼区"直径在5～30千米。台风从形成到成熟,它的眼区逐渐增大。由于台风有一个"眼区",它的天气分布也和气旋不同。当台风"眼区"移来时,狂风暴雨骤然停止,风停云散,气温骤然升高,显现出蔚蓝色的晴空。它四周被强烈的上升气流造成的"云墙"所包围,厚度达8～9千米。台风眼过去后,"云墙"又移动过来,狂风暴雨再次降临。

千百年来,人类一直把台风看做是一种严重的灾害性天气。不过,没有台风也不行。没有台风,全球各地冷热差异会更大。赤道地区气候炎热,没有台风驱散这一地区的热量,热带会更热,寒带会变得更冷,温带地区会从地球上消失。每次台风来临时,雨水能把空气中和地面上的污物冲刷得一干二净,使酷热的天气顿时变得凉爽宜人。

人类在进化过程中,始终都有台风伴随。1万年前,地球结束了第四纪冰川时期,进入较为温暖的气候期。在此前后,地球上开始出现早期的人类文化,如我国汉族文化、印度文化和墨西哥文化。科学家发现,这3个主要文化发祥地附近海面上出现的台风,占全球台风总数的73%,这绝不是一种巧合。事实上,正是台风给这些地区带来丰富的降水,才使这些地区气候适宜、土地肥沃、水草丰盛,为物种和人类的进化提供了优越的自然条件。

万物生长靠太阳。其实,太阳的能量只有极小部分被陆地吸收,大部分被占地球表面70%的海洋所吸收和贮藏。海洋成为全球大气运动的热量和水汽的主要来源地。每年从地球大洋表面蒸发的水汽有455万亿吨,其中90%的水汽又以雨水的形式直接返回海洋中,只有10%的水汽随气流进入大陆。所形成的降水,远远不能满足人类生产生活的需要,而台风则年复一年地把几十亿吨的淡水送到大陆上。每逢旱季来临时,许多干旱地区总是祈盼台风带来大雨。正是台风携来的暴雨,使长江下游、珠江三角洲、恒河平原、尼罗河平原等地区成为"地球的粮仓"。

台风给日本、印度、东南亚、美国东南部带来的降水,占这些地区年降水总量的25%以上,对这些地区水稻生长、水利灌溉和水力发电都是至关重要的。如果没有台风,许多江河、湖泊、水库都会干涸,那里将成为干旱地区,全世界的水荒也会变得更加严重。

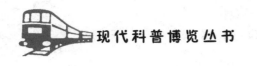

雷电功大于过

电闪雷鸣是大自然中最为雄伟壮观的景象之一。高温、高湿的空气和强烈的上升运动是形成雷电现象的基本条件。在由冰晶、水滴组成的积雨云中，由于上升气流强烈，云中冰晶、水滴相互碰撞，从而使云块带上不同性质的电荷。当电荷聚集较多时，其电场强度可达几千至1万伏/厘米。当带有异性电荷的云块相互接近时，便会产生火花放电现象，放电时的电流强度平均可达几万至20万安，这就是闪电。在闪电的通道上，空气瞬时温度可达6000~30000℃，其亮度超过太阳。高温使空气体积迅速膨胀，空气中的小水滴汽化；放电后，被加热而膨胀的空气，很快又冷却和收缩。空气被振荡时发出的声音，就是我们听到的震耳欲聋的雷声。由于光速为30万千米/秒，而声音在空气中的传播速度为340米/秒，所以我们总是先看到闪电后听到雷声。

据统计，地球上平均每天约发生46000次雷电现象。赤道热带地区雷雨频繁。印度尼西亚爪哇岛上的茂物市，平均每年有322天出现雷电，有"世界雷都"之称。随着纬度增加，雷雨出现次数越来越少，到北纬82度以北，南纬55度以南，雷雨就销声匿迹了。我国长江以南年平均雷雨日数为40~80天，长江以北为25~40天。广东、海南岛、雷州半岛等地雷电活动最为频繁，年平均雷电出现日数可达120天。

雷电所造成的雷击现象，给人类带来无数灾难，它能焚毁森林，毁坏房屋，伤害人畜。千百年来，人类一直视雷暴为自然界的一大灾害。然而，假如没有闪电，人类就会失去一座巨大的"化肥厂"。一次大的雷雨过程发生时，可以制造出4万~5万吨氮肥，供植物直接吸收利用。假如没有闪电,人类将失去一位勤劳的"清洁工"。闪电发生时,在闪电通道上,由于高温高压的作用,空气中的氧气变成臭氧。臭氧能够杀灭细菌,使空气变得清新宜人。此外,雷电还是一种潜在的清洁能源。

当今,空气污染、地球变暖和臭氧层被破坏,直接威胁着人类和生物界的生存繁衍。据有幸上天的宇航员介绍,从空间观看地球,浓密的污染云雾正在使地球变成"一颗灰色的行星"。保护大气环境已是刻不容缓。过去,人类提出"征服大自然"的口号,完全是出于人类自身利益的需要和无知。实践证明,每一项大规模的改造自然的工程,都不可避免地存在着破坏生态平衡的弊端。而战争对自然环境的破坏,更是达到无以复加的地步。大自然是十分完美、和谐的。就像生物界中不存在益鸟和害鸟、益虫和害虫之分一样,自然界中出现的各种天气现象也不存在好与坏之分。人类仅仅是地球村中的一个成员而不是统治者。人类不能只根据自身的眼前利益来评判大自然。人类要想更好地生存下去,就应该认识到自然界中的一切都是必不可少的。这是因为地球经历了几十亿年的演变和进化,已经形成一个良性循环。对这个循环过程的任何破坏都是在毁灭地球。只有解决好人类与大自然、人类与人类之间的矛盾,使人类与大自然融为一体,成为大自然的一个组成部分,才能实现真正意义上的"回归大自然"。只有到那时,地球才能得到真正的、完善的保护,成为宇宙中一颗最美丽的明星。

怪雨之谜

1985年8月13日14时,山西省榆次市沛林乡大峪口村的村民，在村东北方向的山梁上，发现一个直径约50米的橘黄色圆柱体，飞速地旋转着直插云端。这个庞然大物携带着沙石、尘土、树枝、庄稼、衣服、塑料制品……在空中盘旋、呼啸，慢慢从东北方向朝村子移来。先是村口一棵两个人都抱不住的百年古槐树被连根拔起，接着几十间房屋变成了废墟。青年农民张三牛拉着4岁的儿子还没来得及躲避，就被狂风卷进发出隆隆轰鸣声的巨大黑洞中。张三牛紧紧抱着儿子不放，在腾空飞了30多米后竟平安地降落到地面。这场"怪风"搞得人心惶惶，不少人烧香磕头，祈求神灵保佑。

1940年夏天，在一个晴朗而炎热的下午，苏联高尔基省巴甫洛夫区米西里村上空，突然乌云密布、狂风大作、电闪雷鸣，倾盆大雨夹杂着圆片状冰雹接踵而至。冰雹落地时不断发出清脆的金属声。雹雨刚停，全村男女老少一窝蜂地从房子里跑出来，从地上捡起来一看，竟是16世纪俄国伊凡王朝的古银币。原来，沙皇时代的贵族们曾在米西里村附近的地下埋藏了许多银币。当暴风雨猛烈地冲刷大地时，覆盖在银币上的土层被冲刷掉了。接着巨大的"象鼻子"就把这些古钱币卷到天空。当上升气流减弱时，这些银币便纷纷落下来，成为一场举世罕见的"银币雨"。

1960年，法国还出现过"青蛙雨"。青蛙自天而降，有的被摔得头破血流，有的却安然无恙地在地上跳来跳去。惊人的场面令许多人感到不安，认为是不祥之兆。其实，这些怪风怪雨都是由龙卷风制造的。

龙卷风是大气中最强烈的涡旋，呈漏斗状，它的直径在低层只有几米到1000米。龙卷风寿命很短，一般只有几分钟到几十分钟，超过1小时的极少；移动速度一般是15米/秒，最快可达70米/秒，常走直线；龙卷风风速可达100~200米/秒，破坏力极大，人类至今还不能对它进行有效的防御。

在我国,龙卷风是一种不多见的自然奇观。发现龙卷风以后,首先要判断龙卷风的移动方向。如果龙卷风是离自己向远方移去,可以利用这个机会好好观察一下它的变化过程,用录像机或照相机对龙卷风进行连续拍摄;要是有辆汽车,可以乘车进行追踪拍摄。最理想、最完整的观测资料应该包括:从龙卷风产生、发展到消亡的整个过程,以及地面受龙卷风影响而产生的灾情和各种奇异现象。如果确认龙卷风是朝自己这个方向移动过来时,要立即切断电源,妥善处理好火源,然后朝着与龙卷风来向呈90°的方向尽快逃离现场。如果已经无法逃离,要尽量远离建筑物、大树、电杆,趴在一个地势较低的地方,用棉被或衣物把自己的头和身体尽可能地包裹起来,避免被龙卷风卷走和受到伤害。

突现的浓雾

英国著名球星马休斯在回忆他的足球生涯时,曾讲述了这样一段有趣的故事:1945年,他被借到英格兰阿森纳队,参加迎战来访的莫斯科迪那摩队的一场比赛。比赛时,天空晴朗,维多利亚体育场座无虚席。场上,双方拼抢积极,攻防转换极快。由于双方势均力敌,上半场均无建树,以0:0结束。下半场,阿森纳队换上"中场发动机"麦肯罗后,场上局势发生明显变化,阿队连入两球。这时,太阳悄悄躲进了云层,绿茵场很快被突如其来的浓雾所笼罩。不仅看台上的球迷看不到场上队员,就连球员也搞不清球门在哪里。距离比赛结束时间只有10分钟了,场上比分仍然是2:0。然而,顽强的迪纳摩队毫不气馁,在大雾掩护下不断组织进攻,终于将比分追成2:2平。

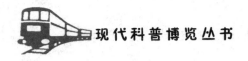

比赛中，阿森纳队右内锋德鲁利因攻击守门员被红牌罚下场。几分钟后，马休斯忽然听到德鲁利对他喊道："马休斯，回到你的边线上去，我回来了！"直到比赛结束，德鲁利才悄悄溜出场外，消失在浓雾中。裁判和对方球员始终都被蒙在鼓里。

最富戏剧性的场面发生在最后一分钟。同样，已被红牌罚下场的迪纳摩队球员瓦西里也利用大雾作掩护，重新上场。不幸的是他在浓雾中迷失了方向，竟稀里糊涂地将球踢进了自家大门。这粒"乌龙球"帮助阿森纳队获得胜利，而迪纳摩队却落得个哑巴吃黄连——有苦说不出。

1988年1月9日下午5时，欧洲冠军杯进行第三轮比赛，由南斯拉夫红星队主场迎战意大利AC米兰队。下半场时，红星队首开记录。此时，AC米兰队已有两人被罚下场，场上只剩下9个人。红星队在人数上明显占有优势，几乎是稳操胜券。没想到，就在这时场上突然漫起伸手不见五指的浓雾，裁判决定暂停15分钟。谁知15分钟后雾变得更浓了，比赛只好改在翌日下午再战。按规则，当天的57分钟比赛成绩无效。结果第二天AC米兰队以点球获胜，红星队竟惨遭淘汰，痛失决赛权。这场比赛是大雾帮助了AC米兰队。看来，老天也有不公正的时候。

雾的种类很多，常见的雾一般有两种：一种叫辐射雾，另一种叫平流雾。辐射雾是在天气晴朗有微风的夜晚，由于地面强烈散热，使近地面气温下降而形成的。一般持续时间不会太长。太阳出来后，地面温度迅速回升，空气又重新回到不饱和状态，雾就会慢慢消散。平流雾是在江河、湖泊、湿地上空生成的雾。在有微风的日子里，雾会随风移动。进入多雾季节时，可以在球场上空和地面安装特制的喷雾设备，一旦出现大雾，就向雾气弥漫的地方喷洒充电的人工雾。在电荷作用下，带电人工雾滴会与天然雾滴相结合而形成小水滴降落到地面，这样就可以起到人工消雾的效果。另一种简单又行之有效的办法是:在开赛前,用4台鼓风机,从球场的4个角不断向场内吹干燥的热空气,使场内空气湿度迅速下降。由于场地四周有看台,球场范围有限,用这些办法都能使雾很快散去。但是,目前还没有找到一种能在大范围内消除浓雾的有效办法。

奇 异 的 火 球

1963年10月3日,英国伦敦,雷雨交加。突然,一个球状闪电落入一户居民家中,进入房间时烧焦了窗框,最后掉进一个装有18升水的桶中,水被加热沸腾了几分钟。

1973年夏季的一个午后,在河南省林县南部的一个村庄上空,浓云密布,狂风骤起,突然一个球状闪电自天而降。在村东头,一棵合抱粗的钻天杨被拦腰击断;继而它又破墙钻进牲口房,随着一声沉闷的爆炸声,一头驴子当场被炸死。

1995年夏,俄罗斯物理学家德米特里耶夫正在乡间度假。一天晚上,忽然雷雨大作,在一次强烈的枝状闪电放电后,出现一个淡红色的气体球。它慢悠悠地向站在门旁的德米特里耶夫飘来,一边嗡嗡作响,一边发出黄色、绿色和紫色的火花。当火球临近德米特里耶夫时,它便开始上升,在一处停留了几秒钟,随即向树林飘去。茂密的树枝挡住了它的去路,只见它发出强大的火花和木材劈裂般的响声之后,便消失在潮湿的空气中了。火球消失后,还留有一股带刺激性的、咖啡色的烟雾。科学家认定,这就是能从缝隙中钻入室内而令人生畏的球状闪电。

德米特里耶夫出于职业好奇心,立即用烧瓶在球状闪电消失

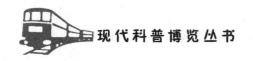
的地方取了样。他在实验室里对气样进行了详细分析,发现气样中臭氧和二氧化氮特别多。这个化验结果证明:刺鼻气味是臭氧,咖啡色烟雾是氧化氮。

对球状闪电是怎样形成的,目前有多种解释。有人认为,枝状闪电在空中经过或打击地物时产生高频电磁振荡,这种高频电磁振荡能激发出带正电荷的球状空气团,这便是球状闪电。也有人认为,在枝状闪电放电时,闪电通道温度在1万℃以上。在其通道中的臭氧贮存了大量能量。臭氧是不稳定的物质,分解时释放出从枝状闪电中聚积的能量,使气团中心温度达到1500～2000℃。

多少年来,为了弄清球状闪电的性质和形成过程,不少科学家做了很多实验和假设,但至今仍没有一种完美的理论得到世界公认。

1990年,中国科学院球状闪电信息中心正式成立;成员来自大气物理学、气象学、等离子体物理学、地球物理学等专业;并与美国、俄罗斯、英国、日本等10多个国家的球状闪电专家建立了密切联系。该中心广泛收集球状闪电的照片、录像资料。目前,这种罕见的自然现象——球状闪电,仍旧是科学家热衷探索的自然之谜。

大冰雹,还是大冰块

1975年7月25日晚6时至7时,内蒙林西县上空乌云翻滚,狂风大作,闪电接连不断,鸡蛋大的冰雹从天而降。26日晨,当地农牧民纷纷打电话向防雹试验点报告:"昨天夜晚在检查灾情时,发现一个特大冰雹,请你们赶快来看看。"试验点的研究人员立即带上测量仪器和照相机,前往现场查看。

在一条干河沟里,人们看到一个大冰块。经测量:最长的边为59.4厘米,高39.6厘米,厚14.9厘米,重约30千克。剖开以后,看到冰块内部分层结构为3层,层与层界限分明。1层是透明的,内含有较多气泡;冰块的另一面和中间的1层不透明;3个冰层内均发现有砂粒。与一般冰雹不同的是它没有雹核,而且它的形状近似直角梯形。

经过计算,这样重的冰雹,需要有78米/秒的上升气流支持才能停留在空中,实际上冰雹云中很少有这样强大的上升气流。不过,在冰雹云出现时,气象站曾观测到龙卷风出现在林西县上空,持续时间为10分钟,并用照相机连续拍摄下来。通过调查,排除了冰块出自冷冻库或从飞机上掉下来的可能性。那么,冰块是从天上掉下来的,还是被龙卷风从别的地方卷来的,或者是在地面上形成的?

有人认为,"林西冰块"有可能是在龙卷风中形成的。在冰雹云中形成的大冰雹,在下降过程中还没来得及落到地面,又被龙卷风带到高空。龙卷风的上升气流有时可以达到100米/秒以上。强龙卷风可以把几吨或几十吨重的载货汽车、轮船抛出几十米到上百米以外的地方。龙卷风中携带有大量沙尘,所以大冰雹中各层都有砂粒。不过,从冰块形状看,也不能排除是龙卷风从远处把地面上的冰块抛过来的可能性。

也有人认为,冰雹都是由很小的冰粒在雹云中经过多次上下翻腾、碰撞、合并逐渐长大的,但要形成如此巨大的冰雹,就需要有一个较长的时间过程。"林西龙卷风"出现的时间只有10分钟。在如此短的时间内,云中不可能形成这样大的冰块。另外,冰雹都有雹核,而这个冰块中没有核。冰雹的雹胚是不透明的,外面

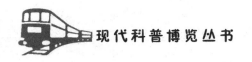

包有透明冰层和不透明冰层，两者相间排列，一般有4~5层。冰雹越大，层次越多，最多可达20多层。"林西冰块"只有3层，也说明它不是在云中形成的。

多数人认为冰块是在地面上形成的。可能在一开始地面温度较高，冰雹落地后融化，使地面温度很快降低。当较大的冰雹降到地面上后，还没来得及融化完就遇上了过冷却雨滴。过冷却雨滴连续不断地在冰雹上冻结，使冰雹体积不断增大。这个过程和冰雹在云中增长的过程类似，只是在碰撞过程中，冰雹不是上下翻腾去碰撞过冷却水滴和小冰粒，而是静止不动地等着过冷却水滴和小冰雹来碰它，与它合并，但结果都是使雹块的体积不断增大。不过，这样形成的雹块已不是真正意义上的冰雹了，只能认为是一个天然的大冰块。

1970年9月3日，在美国堪萨斯州观测到一个直径为11～12厘米、重776克的雹块。经电子锯切片照相，证明它确实是一个单一雹块，存在着相间分布的透明层和不透明层。这是到目前为止发现的最大雹块，是公认的"雹块世界冠军"。

在世界范围内，包括"林西冰块"在内的许多"特大冰雹"，由于来历不明，又没有经过全面的科学鉴定，因而都未得到承认。

军衣纽扣失踪之谜

1867年冬，俄国彼得堡军需部奉命打开仓库发放冬装。奇怪的是，这次发放的军大衣全都没有扣子。官兵们对此极为不满，此事一直闹到沙皇那里。沙皇听了大臣的报告，大发雷霆，要严厉处罚负责监制军装的官吏。军需大臣恳求沙皇宽限几天，以便对此事进行调查。

军需大臣亲自到服装仓库查看,他翻遍整个库房,竟然没有一件大衣上有扣子。负责仓库保管的军官和士兵们都说,这些军装入库时都钉有扣子,扣子是不可能丢的。那么,数以万计的扣子究竟哪里去了呢?

军需大臣请了一位科学家来破此案。当科学家得知这些军装上的扣子全是金属锡制造的时候,他沉思了一会说:"扣子失踪的原因恐怕是由于天气太冷,锡扣子变成粉末而脱落了。"军需大臣和在场的军官们都对科学家的这个解释表示怀疑。科学家于是拿来一把锡壶放到后花园的一个石桌上,并将花园门锁上。几天以后,科学家请大臣们一起到花园去看,"锡壶"仍放在原处,看上去和原来没有什么两样。当军需大臣上前用手去拿时,奇迹发生了,锡壶竟然变成了粉末。众人看得目瞪口呆,忙问科学家这究竟是怎么一回事?

原来,锡具有两种不同的物理性质。当环境温度在-13.2℃以下时,其内部结构发生改变,体积增加20%左右,锡就变成了一种灰色粉末;在-33℃的环境温度下,这种变化速度会大大加快。那年冬天,俄国彼得堡地区的日最低气温降到-33℃以下,所以银光闪闪的锡扣不见了,只在钉纽扣的地方留下一小撮灰色粉末。

无独有偶,一些多次去南极探险的科学家们,曾找到若干年前在南极牺牲的探险家们的尸体,他们是被暴风雪困在帐篷里冻饿交加而死的。奇怪的是,帐篷里有充足的食物,只是装燃料的油桶是空的。科学家们经过仔细查看后发现,这些油桶是用锡焊接的,在南极这样的低温环境下,锡变成了粉末,使燃油全部漏光。当疲惫不堪的探险队员回到基地帐篷里时,没有燃料取暖,食物又冻得像岩石般坚硬。在这种情况下,探险家们也只有无可奈何地坐在那里,等待生命最后时刻的到来。

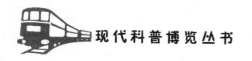

在我国黑龙江省北部漠河,极端最低气温为-52.3℃。这里每年都会有-50~-45℃的严寒出现,是我国最寒冷的地区之一。内蒙古自治区呼伦贝尔盟大兴安岭地区、新疆北部阿尔泰山区都曾出现过-50℃以下的低温纪录。低温会给人类和整个生物界带来灾难,但低温也是一种气候资源。这些天然大冰库正等待人们去开发利用。

避雷针惹的祸

无论是城市还是乡村,在所有高大建筑物上都无一例外地安装有避雷针。这使建筑物能够避免被雷电击毁。然而,置于室内的各种电子设备被雷电击毁的报道,却时有所闻。

1992年4月27日,位于南昌市的江西医科大学内160门程控电话因感应雷击,120门被毁;江西财经管理学院的200门程控电话全部被毁。

1992年5月1日,位于长沙市的湖南广播电视大学内200门程控电话、6台计算机、多部彩电因感应雷击被毁,损失人民币100多万元。许多单位的程控电话,刚刚投入使用不久,就因遭受雷击而毁于一旦。"一朝被蛇咬,十年怕井绳。"从此以后,一听到隆隆雷声,值班人员就格外紧张。为了防止雷电袭击,不少单位只好在出现强烈的雷雨天气时,干脆切断电源停止使用程控电话。

20世纪90年代以来,我国高新技术有了飞速发展,城市高层、超高层建筑不断增多,导致雷电活动也逐年加剧。随着建筑物内现代化通信设备、计算机等抗干扰能力较弱的电子设备的普及,以及易燃易爆场所迅速增多,雷电灾害变得更加频繁。1997

年,仅在广东省就发生雷击事故1465宗,起火爆炸20起。多数雷击事故发生在城市高层建筑物中,导致大量电子设备被损坏,直接经济损失达2亿元。奇怪的是这些雷击事件都是在有避雷针保护的情况下发生的。看来,避雷针能保护建筑物,却不能保护室内的电子设备。

闪电在放电的路径上,通过的电流约为1万安,有的甚至可达10万安以上;强大的电流使通道上的空气温度猛增到1万℃以上;放电时还会使附近物体感应出很高的电压。这种感应雷击虽然看不到,但在高科技发达的今天,危害同样很大。

雷击事故,就是避雷针惹的祸。为什么这样说呢?因为雷击有两种,一种是直接雷击,另一种是感应雷击。避雷针只能防直接雷击,不能防感应雷击。雷电在通过避雷针完成放电的过程中会产生感应雷击,使附近的电器设备、线路因感应出过高电压而遭到损坏。现在,计算机、电视机、无线电通信设备、雷达等电子产品得到广泛应用,这个矛盾也就暴露出来。看来,避雷针的确存在着令人担忧的副作用。

用避雷针避雷效果不好的主要原因是它的尖端面积太小,大量电荷拥挤在一起不容易迅速通过。这就像电影院散场时,如果门很大或门很多,人群会很快散去;如果只有一个小门,人流就会拥挤甚至出事。因此,避雷针应该做成球形,体积大一些,能给电荷提供一个较大的通道。现在楼房上一般不安避雷针,而是用金属带沿建筑物四周绕一圈,然后在多处与钢筋相接入地。安装这种避雷带后,至今还没有发现建筑物因雷击而遭到破坏。

避雷针本身并不能避免雷击,在发生雷击时它使强大的电流通过避雷针流入地下,从而避免了雷击时强电流对建筑物的破坏。避雷针都是安置在建筑物的最顶点处伸向天空,实际上不是避雷而是引雷。建筑物安了避雷针还遭雷击,可能是避雷针失

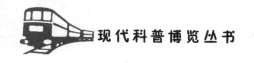

灵。避雷针用的时间长了,会严重锈蚀甚至断裂而不能导电,因此应该定期进行检查。

雷电已经成为高科技的天敌。要想使室内的电子设备避免感应雷击,最好的办法是在大楼设计施工过程中,将大楼周墙内或机房四壁(包括地面)装上薄金属板,形成一个完整的金属屏蔽罩,使感应电荷通过薄金属板迅速入地。同时,在所有电线、电缆入户处加装合适的避雷装置,使得沿导线传来的、由闪电引发的高电压在避雷装置处分流入地,这样就不但能避免直接雷击,而且能有效地避免感应雷击。

"火炉"搬家

2002年7月上中旬,我国出现了近50年罕见的大范围高温天气。成都市日最高气温一连数日达到35℃以上。

持续的高温酷暑天气,使成都空调市场空前火爆,日销售量超过1万台。不过,成都和川东的达川、南充、广安等地比起来,应该说还算是"凉爽"了。川东许多地区最高气温早已达到或超过40℃。长江中下游地区是我国夏季大面积最炎热的地区,这里有许许多多的"火炉"。但令人不解的是,2002年最热的城市并不是长江流域的"三大火炉"——重庆、武汉、南京,而是在我国北方的一些城市。7月,华北地区出现了大范围的持续高温天气。北京日最高气温达到40℃以上,河北石家庄等城市日最高气温达43℃以上。不少地方的医院人满为患,甚至还出现了热死人的现象。

为什么北方变得比南方还热呢?

从纬度上讲,南方广大地区纬度较低,夏季阳光近乎直射,太阳辐射强烈,空气温度也高。地处纬度相对较高的我国北方地区,阳光是斜射,太阳辐射被减弱,故地面获得的热量相对较少,气温自然应该低一些。但是,北方的夏季,白天时间比南方长,日照总时数比南方多;阳光照射的时间长,地面获得的热量也相应要增多。由于北方晴天多,气温比南方高一些也是正常的。

南方地区水田、江河、湖泊星罗棋布,水分蒸发量远比北方多;南方森林多,植被厚,空气湿润。水在蒸发时要吸收热量,能使空气温度降低。因此,南方夏季温度有时比北方低也是正常的。不过,北方空气干燥,白天虽然热不可耐,但夜晚降温较快,早晚要凉爽一些。南方空气湿度大,夜晚不易退凉,潮湿闷热的天气更让人难以忍受。

南方地区常出现浓云密雾,使日照时间大为减少,太阳辐射减弱,天气往往是晴几天后就会下点雨。特别是午后雷阵雨,雨滴温度很低,在下降过程中和到达地面后都要吸收大量的热量,从而使降雨的地方气温急剧下降。随着我国南方地区绿化面积逐年增大,南方夏季气温比北方夏季气温低的现象还会增多。

走出"沙尘暴"

2000年,当人们还沉浸在欢庆新春到来的喜悦之中的时候,突然,刺骨的西北风携带着漫天飞旋的黄沙铺天盖地而来。阳光明媚、大地回春的美好景象,顷刻被遮天蔽日的沙尘罩上一层厚厚的土黄色。太阳失去了往日的光辉,像一只灰色盘子悬挂在天空。

繁华而有序的国际大都会——北京,在风沙中完全失去了昔日的风采，到处是一片混沌；路灯、车灯在烟雾中发出微弱的亮光；大风使广告牌坠落、古树折断、电杆倒倾，车辆被砸，火灾四起，交通事故频发；一工地施工现场3人死亡，多人受伤；大风倒灌，引起40多人煤气中毒，呼救电话铃声不断；眼疾患者、呼吸道病人和外伤患者，在医院里排起了长龙，住院部人满为患；首都机场多架次航班延误或被取消，3000多旅客滞留机场候机室；仪器仪表厂被迫停产关闭；街上行人戴着口罩，用围巾捂着鼻子，灰头土脸，行色匆匆；许多人打喷嚏，弄不清是感冒了还是被尘土呛的；居民家里尽管门窗紧闭，但室内还是蒙上了厚厚的一层灰尘，就连书柜、大衣柜内也不例外。

近半个世纪以来，我国西北地区出现黑风暴的现象呈逐年增长趋势，全国有近1/3的国土面积遭受风沙灾害；沙漠扩张和土壤沙化还没有从根本上得到遏制，至今仍处于"沙进人退"的局面。

我们不是有三北防护林吗？不是年年都在植树吗？可是和过去比，我国北方地区风沙天气出现的次数不是逐年减少，而是逐年增多。这说明我国在防沙治沙、保护生态平衡方面存在的问题还没有从根本上得到解决。如果让居住在半沙漠地区、草原地区的农牧民不再从事农牧业生产，而让他们经过学习培训都变成园林工人，组成一支治沙兵团，那里的自然景观肯定会逐渐发生改变。

沙漠只是沙尘暴天气的沙源之一。乱垦滥牧引起退化的草地、缺少植被覆盖的秃地以及违规操作的施工场地，也都是沙尘的来源。长期以来，许多在建工地缺乏相应的维护掩盖措施，刮风时很容易形成扬尘。实际上，扬尘天气卷起的沙土大多是本地产生的。这说明在执行环境保护法过程中还存在不少问题。另外，现在不少人还习惯于用"杂草丛生"来形容较差的环境，因此每次打扫清洁时除了扫地就是铲草。把除草也说成是讲究环境卫生,这种观念应该彻底改变。铲除"杂草",实际上是破坏植被、破坏环境。现在杂草不是多了而是少了。如果到处都是"杂草丛生",沙尘就不会这么多了。

对于沙漠改造,除植树造林、绿化大地、保护环境外,如果能找到阻挡夏季风西进的地理因素,设法为夏季风开辟一条通道,使夏季风能够深入到荒漠地区,让大自然进行自我修复,荒漠地区就会有一个大的改观。

进入21世纪后,每当春季来临,人们一提到沙尘暴便会忧心忡忡。沙尘暴给人们带来的不仅仅是环境问题,同时也使人们在心理上产生一种压抑感和恐惧感。何时才能从"黄色恐怖"的阴影下走出来呢?人们期待着这一天的到来。

"冰雪王国"

南极洲成为"世界寒极",并非是从太阳那里获得的热量太少。据计算,南极夏季得到的光和热竟可与赤道一年里得到的相比。可是这里满山遍野都覆盖着平均厚度达2000米的冰雪,冰雪把90%的太阳辐射反射回太空,因此南极洲真正能获得的热量就少得可怜了。

严寒使南极成为世界上最大的冰库,地球上90%的淡水就冻结在这里。然而,异常寒冷的天气使得冰面蒸发量极小,空气十分干燥,降水量全年只有30多毫米,与戈壁滩差不多,因此人们称南极洲为"白色的沙漠"。

在这奇寒的冰雪王国里,各种物质会改变自己通常的性质:加过防冻剂的墨水在南极照样会冻结成冰;橡胶变得像岩石一样

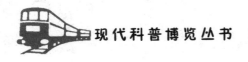

坚硬;防冻汽油变成黏泥;锡制品变成粉末;在-80℃的低温下,钢板脆得像玻璃,轻轻一敲,碎屑就会四处飞溅;钢锯对冰块无能为力;用斧头可以轻而易举地把盛燃料的厚铁桶击穿。

在南极,由于大气中水汽含量极少,人呼出的水汽多而吸进的很少,因而常常有干渴的感觉,就像生活在沙漠中一样;过去考察留下的火柴,二三十年后仍一擦就燃;南极降的雪不像雪花而呈粉末状,像沙子一样,不能捏成雪球打雪仗;在这种雪面上滑雪,感觉就像在沙子上滑行一样,因为滑雪板很难靠人体压力略微融化雪面以产生润滑作用;南极洲因海拔高度较高,空气稀薄,洁净透明,太阳即使位于地平线上也不可用肉眼直视,否则眼睛会受到严重伤害。极夜来临时,月亮格外明亮,整个天空的星星都不眨眼。严寒使细菌难以生存,1892年出版的杂志放在那里,纸质仍然很好。20世纪初,人们残留在那里的饼干,时隔六七十年居然不会霉变。美国探险家贝尔格再次去南极探险时,发现4年前他曾在那里吃剩的面包和牛奶仍冻结在餐桌上,而且食物还保持着原来的风味。漫长的极夜生活,使人感到单调、枯燥、乏味、抑郁。当"夏季"到来时,极夜变成了极昼,兴奋也取代了抑郁。这时,经常会看到一些年轻的科考队员们一丝不挂,只穿一双靴子,大声号叫着从基地亦身裸体狂奔到南极点标志处,然后再跑回来,可从来没有一个人患过感冒。

奇 特 现 象

天空是一个无比巨大的万花筒:日月星辰交相呼应,风云雷电变幻无穷。我们在观察天空时,要像看万花筒那样痴迷。神奇的大自然总是不厌其烦地给我们展现出一些令人吃惊、出乎人们想象的奇特现象。你如果不了解这些现象的本质，而相信存在着什么神灵鬼怪，那么许许多多的自然现象对你来说，就将是神奇古怪的事情了。实际上，各种天气现象都是在一定条件下产生的，反映着大气中不同的物理过程。这些现象的出现，既是天气变化的体现，也是气象预报的重要依据。观测天气现象不仅是为了了解当地的天气、气候情况和积累资料，更重要的是针对各种天气现象的特点，趋利避害，充分开发利用气候资源，不断改善人类的生存环境和生活质量。

克里米亚战争的启示

全球风云尽收眼底大自然的威力是无穷的。风暴袭来，房屋倒塌，树木被连根拔起；大旱之年，草木枯黄，土地龟裂，赤地千里；洪涝之年，暴雨如注，山洪暴发，江河泛滥，大地汪洋一片……古往今来，恶劣的天气曾给人类带来多少灾难啊！人们饱受天灾之苦，一直梦想能对未来天气的变化做出准确的，时间较长的预测，从而有效防御大自然的各种侵袭。在与自然界长期的抗争中，人们学会了通过用眼睛观测等方式，总结出风云变幻的规律，不断进行各种形式的原始预报。然而，根据群众的看天经验做出的天气预报，不仅准确率很低，而且预报的时效很短。人们期待着科学的预报方法诞生。

1853年，俄国与土耳其、英国、法国等国发生了战争。当时，土耳其建立起奥斯曼帝国，国土横跨欧、亚、非三大洲。俄国为了控制黑海海峡，插足巴尔干半岛，一心想击败土耳其；英国和法国

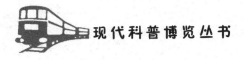
则竭尽全力阻止俄国势力扩张。1853年6月,俄国寻找借口,出兵占领了摩尔达维亚和瓦拉几亚。10月,土耳其对俄宣战。11月,俄国舰队在黑海击溃土耳其舰队,引起英、法的干涉。1854年3月,英、法对俄宣战。这就是历史上著名的克里米亚战争。

1854年11月14日,英法联军在包围塞瓦斯托波尔后,海军陆战队准备在巴拉克拉瓦港湾地区登陆。这时,风暴突然袭来,黑海海面出现狂风巨浪,风力达12级。法国海军旗舰"亨利4号"沉没,英法联合舰队几乎全军覆灭。

事后,拿破仑三世命令法国作战部通知巴黎天文台台长勒威耶,让他立即调查这次风暴的活动路径。当时,法国天文学家勒威耶由于预言海王星的存在而享有盛名。在拿破仑看来,既然勒威耶能预测出一颗行星的位置,他也一定能够预测出风暴的位置。

勒威耶为了收集1854年11月12日至16日这5天的气象报告,向各国的天文、气象学家发出信函。这一行动得到各国科学家支持,250份回信迅速寄来。他依次把同一时间的各地气象情况填在一张空白地图上。经过分析,他惊奇地发现:这次风暴是从欧洲西北部向东南方向移动的,当风暴经过欧洲到达联军舰队所在地的前两天,西班牙和法国西部已先后受到它的影响。那时,电报已经投入实际业务使用。勒威耶认为:如果当时在欧洲大西洋一带设立气象观测站,并通过电报及时将这些气象情报向英法舰队报告,然后制成天气图,那么这次由风暴袭击造成的损失完全能够避免。

1855年3月19日,勒威耶在法国科学院作学术报告,他倡议:组织一个气象观测网,然后通过无线电迅速将观测到的资料集中在一起,绘制成天气图,这样就能推断出未来风暴活动的路径,及时做出天气预报。1856年,法国建立起世界上第一个正规的天气预报服务系统。1857年战争结束后,比利时、荷兰、美国、俄国、奥地利、瑞士等国也纷纷响应,相继组建了用电报传送当日气象观测记录的气象服务网,开始绘制天气图。

天气图的诞生是科学进步的产物,战争只是契机。天气图的出现成为现代气象科学的开端。它使人们从"坐井观天"的境地中走出来,开始"放眼世界"。100多年来,"天气图"一直是气象台进行天气预报的主要工具之一,沿用至今。

风云变幻跃然纸上

在一张空白地图上,标着各个气象观测站观测到的气压、温度、风和天气现象。这些孤立而分散的资料怎么能表现出天气变化的规律呢?最先引起人们注意的是气压这个气象要素。自从有气压表以后,科学家就发现:气压降低时,常常出现阴雨天气;气压升高时,往往带来晴好天气。因此,人们都管气压表叫"晴雨表"。当科学家把气压相等的点连接起来时,发现这条线的形式同天气变化关系极大,由此产生了天气系统的概念。什么是天气系统?天气系统指的是高气压、低气压、低压槽、高压脊、台风等能显示天气变化及分布的独立系统。

在天气图上,一个个高压、低压,也就是一个个涡旋,它们不停地在移动、生成、发展、消亡着。这些涡旋便是天气系统中的一个个成员。它们在移动过程中给各地带来天气变化。高气压是一个气流按顺时针方向旋转的涡旋。高气压区内是下沉气流,因此天气晴好。低气压是一个气流按逆时针方向旋转的涡旋。低压区内的气流是上升气流,有利于云雨天气的形成。在中纬度的

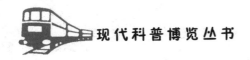

移动性低压称为气旋。高压区域内气流旋转方向正好和气旋相反,因此高压被称为反气旋。气象学家认为:只要预报出它们未来的移动方向是发展还是减弱、消亡,就能推断出各个地区未来天气的变化。这种只分析气压系统,根据它们的移动来做天气预报的状况,持续了几十年,直到第一次世界大战时,仍没有什么新进展。实践证明,用这种很单调的方法做出的天气预报,其效果并不很理想。

"连环画"

第一次世界大战期间,各国的气象电报都被封锁起来,这使中立国挪威深受其害。渔业生产占挪威国民经济的首要地位。海上捕鱼离不开天气预报,而这时挪威却无法获得国外的天气报报,使渔业生产濒临绝境。当时,挪威地球物理研究所所长、著名气象学家皮叶克尼斯认为:只要渔民肯自己集资在船上设置气象站,那就仍然可以获得较准确的天气预报。渔民们响应了他的号召。于是,他们在挪威及附近海域里建立起一张稠密的气象观测网。

皮叶克尼斯的儿子小皮叶克尼斯,对这个气象观测网的大量资料进行仔细分析研究后发现:在大气中存在着冷的和暖的两种性质不同的、水平范围很宽广的空气团。冷暖气团是两者相比较而存在的。在冷气团控制下,天空中常常晴朗少云。而在冷暖气团交界地区,则是另一番景象。由于冷空气较重,暖空气较轻,因此冷暖气团相遇时,总是形成一个斜坡交界面。气象上把这两个不同气团的交界面叫做锋面。锋面与地面相交的一条线叫锋。

向暖气团方向移动的锋叫冷锋,向冷气团方向移动的锋叫暖锋。如果冷、暖气团对峙、势均力敌、锋面停滞少动,就叫静止锋。当暖锋到来时,首先看到的是高度很高的、由冰晶组成的卷云,然后是卷层云、高层云,最后是云层很厚、云底很低的雨层云;在雨层云下面常有雨或雪。如果冷锋移过来,头顶上掠过的云层先后次序与暖锋云系刚好相反。如果在暖季,当冷锋快速推进时,这种"标准"的云系就不复存在;有"空中水库"之称的积雨云,就会伴着雷电、大风、阵雨甚至冰雹,蜂拥而至。

由挪威气象学家创建的锋面学说,不仅丰富了分析天气图的内容,而且使连续的天气图变成一册反映气团、锋、气旋等天气系统的"连环画"。

皮叶克尼斯父子的锋面学说成为气象科学发展史上的一个重要里程碑,是气象科学上的一次飞跃。天气预报的准确率大大提高,至今仍被气象台站广泛应用。

"理查森之梦"

美国有一个城市的气象台,每天这样预报未来天气:明天降雨的可能性为7:3。记者想知道气象台是怎样算出这个比例的,就去采访气象台台长。台长说:"我们有10个预报员,如果7个人认为有雨,而3个人反对的话,那么天气预报就为7:3。"这件事表明:用天气图做预报,主要靠预报人员的经验和悟性。由于预报员的理论水平、实践经验和思考方法不同,所做出的天气预报也有很大差别。这种预报方法准确性仍然不稳定,无法满足社会发展的需要。随着人类社会的进步,人们期待着一种精确、快速的

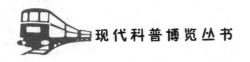

预报方法诞生。

1913年，英国数学家、气象学家理查森，就任英国埃斯克伐米尔气象台台长。他是一位社会责任感极强的科学家，每当重大的灾害性天气给人类带来巨大苦难时，他就会坐卧不安、心急如焚；当这些灾害性天气被准确地预报出来时，他就会欣喜若狂，兴奋不已；当天气发生转折，预报失败时，他又会陷入极度的痛苦之中。他在工作实践中深刻认识到利用天气图方法制作天气预报，实际上是气象人员依据自己长期积累的实践经验，对天气系统的未来动向和变化做出估计。预报结果是否正确，完全取决于气象预报人员的主观判断是否正确。在讨论未来天气将会怎样变化时，面对同一张天气图，不同的人往往会得出不同结论，甚至完全相反的结论。因此，预报准确率既不稳定又难以提高。理查森是一个富于幻想的人，他想能不能根据观测到的大气运动状况，不经人的分析判断而直接用机器来处理，得出未来一段时间内的天气状况呢？他立志要建立一种数学模型，用数学方式对天气变化做出具体的科学的数值天气预报。他提出许多大胆设想，在当时一些人看来简直不可思议。

理查森认为：物理学中的一些基本定律完全可以应用于大气的变化。由于这些定律可以用一组数学公式写出来，所以只要有充分的气象观测资料，就能用计算机对这组数学式求解。这种不经气象人员分析和判断而直接由机器做天气预报的方法，叫做"数值天气预报"。显然，这是一种客观的预报方法。

1922年，理查森用当时先进的计算工具——手摇计算机，进行了人类历史上第一次计算天气变化的尝试。理查森和他的助手们，以最快的速度算了几个月，才求出几个月前欧洲地区6小时天气变化的结果。他认为要及时发布未来24小时天气预报，就得有64000人同时工作才行。由于资料不足，观测误差较大，特别是当时完全没有高空观测资料,对大气运动过程也缺乏必要的了解,所得结果与实际情况相差很远,实验以失败告终。后来,人们便把这种应用物理数学方法计算天气变化的科学理想,称之为"理查森之梦"。就在这一年,他的《用数学计算的方法做天气预报》一书出版了。这是世界上第一部关于动力气象学的教科书。伦敦大学授予他理学博士学位。他成为英国皇家学会会员。

1950年,当世界上第一台电子计算机问世后,科学家们立即在这台被命名为"狂人"的电子计算机上,成功地进行了数值天气预报,实现了20多年前理查森的梦想。

不过,近年发展起来的数值天气预报方法,不能将预报员在长期实践中积累的丰富经验应用到预报中去,而且离直接为基层气象台站应用还有一段距离。为此,我国气象学家研制出了一种可以自动、准确、及时地做出天气预报,并能给出理由、推理思路和处理过程的气象预报专家系统。这个系统不仅能够在工作实践中发现新的预报规律、不断增长知识、增强工作能力,而且能够纠正人的错误判断。

未 来 的 天 气 预 报

目前,发达国家的气象中心使用的是几千亿次甚至上万亿次的电子计算机,而且有卫星、海上飘浮站、地面观测站、高空探测站、无人自动气象站等为其提供大量的气象资料。但是,除在台风、寒潮等灾害性预报方面成效显著外,在日常天气预报,特别是在地形复杂的山区其预报准确率并没有发生太大变化。天气预报报不准的情况仍时有发生。

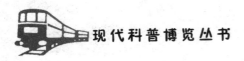

当今世界各国都在大力发展自动气象站观测网,其最终目的是为了提高天气预报的准确率。不过,自动气象站探测的项目仍是温、压、湿、风、降水五大要素。即使运用高新技术,增加云、能见度、天气现象等观测项目,达到常规观测精度,气象科学也未必会因此而发生质的飞跃。按照目前这个思路走下去,气象仪器和相关设备会越来越复杂;随着自动化程度不断提高,仪器装备的造价也必然会越来越高,但天气预报的准确率却不会因此而有相应的提高。气象学家必须另辟蹊径,改变传统观念,寻找新的探测对象。

从本质上说,大气中所发生的一切现象,都是由干湿空气密度、水汽密度和尘埃微粒的密度发生变化而引起的。可以想象,如果各地大气的密度完全一样,那就不会有高气压和低气压、高温和低温、高湿和低湿的差异,当然也就不会有天气变化。由此看来,只要真正掌握了地球大气密度的变化规律,对各种天气现象的预报也就简单多了。

100多年来,气象学家之所以一直在温、压、湿、风、降水五大气象要素上做文章,这完全是由历史因素造成的。人类认识地球大气的过程最初是靠肉眼观察,以后有了温度表、气压表、毛发湿度表、测风仪和雨量筒等,才开始观测空气温度、气压、湿度、风和降水。常规气象观测从古到今主要就是这几项。而对空气密度的测定,其难度要大得多,而且只能在实验室里进行。现在不同了,遥感技术有了很大发展。如果应用这项技术,可以精确地探测到整个大气层各个高度上的干空气密度、水汽密度和各种尘埃微粒的变化。那么,未来的自动气象站就不仅设在地面上,而且主要应该设在太空中。它不仅能提供传统的观测项目资料,而且还能提供地球大气密度连续变化的图像资料。

气象中心不间断地接收到由卫星和地面观测站发来的各种

信息,通过计算机,在显示屏上不仅能展现全球大范围的大气密度连续变化图像和相关数据,而且还能显示出局部地区大气密度连续变化的图像和与之相对应的天气状况。这种计算机具有图像记忆、识别、学习、逻辑推理和自动纠错等能力,因而能够在很短时间内,根据当前观测到的大气密度变化的图像,找到过去与之相似的图像,再根据相似性原理,做出未来各个时段的天气预报。随着时间的推移,机内存储的图像资料越来越丰富,预报能力会逐步增强,预报时效也越来越长。这样做出的天气预报,自始至终没有人的介入,因此称得上真正的客观预报。那时,人们会发现,这项新的探测技术已经把气象科学从宏观世界引进微观世界,进而引发气象科学的一场革命。

随着科学技术的进步,这一理想终将能实现。到那时,气象观测人员将不必再顶风冒雨、夜以继日地监视天空,气象预报人员也无需为报准天气而绞尽脑汁、费尽心思。他们将利用由计算机提供的各种气象产品,在多种交叉学科、边缘学科领域里展现自己的聪明才智,直接为社会各界服务。已有100年以上历史的天气图法和正处于发展阶段的数值天气预报方法都将成为历史。

人类对大气层的探测,从萌芽时期的目测发展到成长时期的仪器观测,是一次历史性的飞跃;而大气遥感技术的兴起是气象科学的又一次飞跃。

在过去100多年里,大气探测由点到面,由地面到高空,逐步形成了以常规观测为基础,以气象卫星为骨干的全球观测系统。随着空间技术的发展,大气探测的研究范围也由地球大气逐渐扩展到宇宙空间和其他行星大气。气象科学的发展,使人们对大气运动规律的认识不断深化。但是,天气预报的准确率、预报的时效与人们的期望值之间,还存在着较大距离,气象科学还有较大的发展空间。历史经验告诉我们:要使气象科学产生新的飞跃,

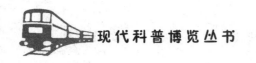

就需要一种全新的理念、全新的探测手段。21世纪,气象学家们面临的是一个历史性的发展机遇。

过冷水滴的启示

1945年冬,美国纽约通用电器公司的兰米尔博士和他的年轻助手谢菲尔工程师,为了研究飞机机翼在穿过云层时结冰的课题,一同前往新罕布什尔山区,爬上了华盛顿峰顶。冬季的华盛顿峰经常被云雾笼罩着。在那里,他们发现在零摄氏度以下很低的温度环境里,云雾仍是水滴,极少发现冰晶。最使他们感到惊奇的是云中如果有冰晶存在,它们就会长大下落,形成降水。当时,一些气象学家认为水汽附着于某一种核心后,才能冻结成冰晶。冰晶通过合并它附近的微小水滴使体积不断增大,等到它的体积增大到上升气流托不住时就会下落;冰晶在下落过程中融化成雨滴,这就是著名的冰—水转化理论。科学家宣称:没有凝结核,雨滴就无法形成。这个理论和在华盛顿峰顶观测到的令人迷惑不解的事实,使谢菲尔产生了这样的想法:大概是冷云中缺少形成冰晶的核,才没有冰晶出现;云中没有冰晶,降水也就不会产生。因此,只要找到一种可以充当冰晶的物质,将它们播撒在云中,就能使飘浮在天空中的云层产生降水。

回到纽约后,谢菲尔找了一个100升的电冰箱,箱内衬上黑色天鹅绒,再射入一束光线,用来照亮冰箱内部。当温度降到-23℃时,哈口气进去就能形成雾。这就是他自制的做实验用的“云室”。他认为冰箱内的冷空气比周围空气重,不会跑出来,所以冰箱一直都不盖盖子。实验时,为了模拟云内湿度,他不断向冰箱内哈气。同时,为了寻找在低温条件下能使湿空气中的过冷水滴形成冰晶——雪花的凝结核物质,他把供实验用的花粉、微尘、烟粒、盐粒、糖粒等各种各样的物质投入冰箱内,然而冰晶始终没有出现。

1946年6月的一个上午,天气特别炎热,谢菲尔无意中发现冰箱里的温度在慢慢上升。他突然意识到:冰箱内不能形成一个足够低的温度环境,可能是实验失败的主要原因。于是,他把具有-80℃低温特性的干冰(固体二氧化碳)扔进了冰箱,想用这个办法将冰箱内的温度降下来。突然,奇迹出现了!他看到在这束光线中有成千上万的冰晶在浮游。他一边哈气,冰箱内一边不断地产生着冰晶。原来,在过冷却云里,只要局部温度降到-40℃以下,过冷水滴就会自动变成冰晶。人工造雪的实验成功了!

1946年11月13日,谢菲尔进行了历史性的飞行实验。他要求飞行员飞进一片灰蒙蒙的层状云中,这时云中的温度为-20℃。他立即开动自动播撒机,可是6磅(2.724千克)干冰才播撒一半,机器就出了故障。情急之下,谢菲尔顾不上寒冷,直接用手把剩下的干冰统统从飞机窗口撒了下去。5分钟后,飞机所经过的云底出现一大片降雪。这表明:过冷云这种不稳定状态可以人为地用少量催化剂使之发生改变,从而达到降雪、消云的目的。当谢菲尔走出机舱时,已经冻得说不出话了。这时,只见兰米尔博士激动地挥动着双手向他边跑边喊:"你成功了!你创造了历史!"

谢菲尔不用凝结核的干冰引晶人工降水技术获得成功的消息,迅速传遍全世界。人类梦寐以求的耕耘播雨的美好愿望从此成为现实。

谢菲尔在发现用冷冻方法可以进行人工造雨后,认为已经大功告成了,他于是不再做继续寻找凝结核物质的努力。然而公司里的另一位青年工程师冯尼格特,却没有因谢菲尔的成功而放

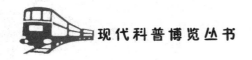

弃。他仍在为找到能成为冰晶核的物质反复地做着实验。他在阅读大量的化学书籍后,发现碘化银的晶体结构同冰晶十分相似。冯尼格特把碘化银磨成粉末,作为人工冰核投入"人工云雾室"中,指望能产生大量的人造冰晶,但他失败了。几个星期后,他决定用各种金属做电极,观察火花放电所产生的金属微粒对云雾的影响。在一次用银做电极的放电实验中,他意外地发现"人工云雾室"里瞬间充满了冰晶,犹如撒入干冰时的情景。但在以后同样的实验中,却没有冰晶出现。冯尼格特对做过的实验进行反复检查和分析发现:他在几个星期前做实验用的碘化银纯度太低,所以没有效果。由于实验后在"人工云雾室"里残留有碘蒸气,当银电极通电时便产生大量的纯碘化银,这才导致了冰晶的产生。经测定,1克碘化银可以生成几十万亿个微粒,这些微粒随上升气流进入云中,能在冷云中产生几万亿到上百万亿个冰晶,从而使云中的水汽在冰晶上迅速凝化长大,云层便会产生降水。由于碘化银易于保存、运输和撒播,现在利用碘化银做催化剂进行人工影响天气的方法,已在全世界普遍推广。

　　既然通过在云中撒播催化剂的办法可以产生降水,为什么现在还有许多地区出现严重干旱呢?

　　人工降雨的作用仅仅是将雨量变大,确切地讲应该是人工增雨,干旱严重地区,常常是晴空万里,没有云层也就不存在进行人工降雨的基本条件。即使天上有云层,甚至布满天空,而且高度也不高,也还要看云层是处于发展阶段还是处于消散阶段。在处于消散状态的云中进行人工降雨作业,也是不会成功的。人工降雨是对空中水资源的开发利用,它只是抗旱的一种手段。要从根本上解除干旱,还应在水利设施方面下工夫,在植树造林、绿化环境上做文章。

走进"魔鬼峡谷"

1959年8月,松潘县地质队前往位于松潘北部的雪宝顶一带进行地质勘察。途中,地质队员小孙想方便一下,队长说:"我们慢慢走,方便后你马上跟上来。"俗话说,站一站十里半。当小孙方便完后,队伍早已不见踪影,他立即快步追赶。山路蜿蜒曲折,山谷寂静而荒凉。他跑了一阵子,仍不见队伍,心里又急又慌。小孙参加工作还不到两年,对松潘县境内的地理情况不太熟悉。每次下去执行勘探任务,从不敢离开队伍单独活动,生怕迷了路。在这人迹罕至的荒野,迷路就意味着死亡。这时,一种从未有过的恐惧使他本能地大声呼喊,然而却听不到队友的回应,空旷的山谷中只有他的声音在回荡。情急之下,他掏出手枪,"砰!砰!"向天空连开两枪。突然山坡上烟雾弥漫,很快整个天空就被乌云笼罩,接着狂风夹带着冰雹雷电铺天盖地而来。小孙见势不妙,急忙钻进一个小山洞躲藏起来。过了一阵子,风停云散,碧空如洗,一切如初。小孙爬出山洞,四处观望,只见地面上铺了一层像豌豆大小的冰雹。当他见到队友站在远处山坡上正在向他招手时,已经在眼窝中转了很久的泪水终于夺眶而出,激烈跳动的心才慢慢地平静下来。

这件事给高原气象工作者很大启发。调查表明:在四川松潘的大雪山、茂汶的海子、峨边的黑竹沟、西藏高原的一些深山峡谷中,当地的一些居民也曾有过类似的亲身经历。居住在岷江上游的农牧民,遇到干旱时常去"炸海子"。所谓"炸海子"就是在高山湖泊附近的山坡上放炮,利用声波振荡进行人工降雨。

1961年夏,四川马尔康地区遭受了历史上罕见的严重干旱。

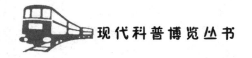

当地气象台选择了距县城不太远的一处环形山脉的山顶做作业点,在海拔3000多米处,试图采用"高山爆破法"进行人工降雨试验。

夜晚,当云层移来时,作业人员先点燃一包5千克重的炸药。出人意料,爆炸后降下来的不是雨而是冰雹。冰雹伴着阵阵冷风,把庄稼打得东倒西歪。在现场的一位藏民讲,这里还从来没有降过冰雹。在这种情况下,作业人员已来不及向指挥部请示、会商,果断地点燃50千克重的一包炸药。惊天动地的爆炸声之后,风停雹止,山野一片寂静;约15分钟后,大雨倾盆而至,从午夜一直下到天明。这场大雨使马尔康地区的旱象全面解除。

人 工 消 雹

2002年7月19日18时30分,鸡蛋大小的冰雹伴随着雷雨和狂风袭击了郑州市。突降的天灾持续不到半个小时,就使这座城市交通堵塞、中断,部分房屋倒塌,一些地区停水停电,大部分公共设施遭到破坏,农作物严重受损。在这次灾害性天气过程中,至少有17人死亡,伤者则难以计数。据统计,我国平均每年至少有13000平方千米农田,因遭受冰雹袭击而严重减产。

为了消除冰雹的危害,目前我国多用高射炮将装有碘化银的炮弹送入冰雹云中,利用炮弹爆炸时产生的冲击波触发云中过冷却水滴冻结,使冰雹的雹核增多。在冰晶争食过冷却水滴的过程中,由于"僧多粥少",雹云中只能形成小冰雹。小冰雹在下降过程中融化成雨滴,即使落到地面也不会形成雹灾。同时炮弹爆炸时撒播大量人工冰核,形成大量冰晶并凝结成小雨滴,消耗了云中的水汽和能量,从而达到抑制冰雹形成的目的。但这种办法在地域上有很大的局限性,出于安全考虑,在航线和城市上空很难进行这种人工消雹作业。

那么,能不能想出更好的办法进行人工消雹呢?

通过长期观察发现,一般雷雨云的闪电都发生在云与地之间,被称为云地闪或竖闪。而冰雹云中闪电多发生在云与云之间,被称为云际闪或横闪。当闪电由横闪变为竖闪时,降雹现象就会终止。这说明只要设法使雹云中出现的横闪变为竖闪,积雨云降下的就会是雨而不是冰雹。那么,用什么办法能改变云中电场分布,使云地之间的竖闪形成,进而达到消雹的目的呢?

1969年11月14日,"阿波罗12号"宇宙飞船从肯尼迪航天中心发射升空。当时,发射场上空对流云中电场强度只有100伏/厘米,没有自然闪电。而形成闪电一般需要几千至10000伏/厘米的电场强度。可是110米长的火箭和它排出的500米长的尾烟,在云中先后两次触发了闪电。雷击造成火箭3个燃烧电池毁坏并导致一系列不正常现象发生。幸亏宇航员及时排除故障,才保证火箭按预定程序飞行,顺利登月。这次雷击事件给人们一个启示:在云与地之间的电场强度不很强的情况下,人为地给闪电提供一个通道,也能形成闪电。由于所产生的这种闪电是竖闪,因此用人工触发闪电的办法,能够影响云中电场的强度和分布,使冰雹云中的横闪变为竖闪,从而使降雹现象消失。

具体办法是:当冰雹云出现时,在地面用小火箭携带一根长1000余米的细导线,采用现代远距离操纵技术和遥控技术,立即向云中发射,促使云与地之间出现闪电,就能达到消雹目的,用这种办法消雹,目前仍处于试验阶段,若想获得成功,还需要不断总结、改进。

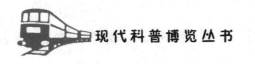

城市人工消雷

在我们居住的这个星球上，平均每秒钟内约发生100次闪电。全世界每年由于雷害约损失10亿美元，雷击的伤亡人数每年在2万人以上。

目前的避雷途径大致有疏导、消散、隔离等几种。国外正在研制的"激光消雷装置"，技术先进，但体积大，造价昂贵。

现在，无论是避雷器还是消雷器都立足于防。这种被动的防御办法，使人类在雷电面前始终处于弱者的地位。那么，能不能采取以攻为守的策略，拒雷电于城市之外呢？

要使城市上空的雷电减少，最好的办法是先调查清楚积雨云移动的路径，然后在城郊上方雷雨云常经过的地方设立消雷站。消雷站就是在地势较高的地方，每隔一定距离竖立一根50米高的金属杆子，上端呈圆弧状，下端接地，像避雷针一样。这样，当雷雨云经过时，就会产生放电现象，使云—地之间的电场强度减弱。

另一种办法是：用无人驾驶飞机或将导弹发射到积雨云顶部，然后不断向云中投放降落伞，每个伞上都携带一团金属导线，金属线在一个小金属球的带动下向云底飞去。由于云顶带正电，云底带负电，这样就会在云中形成闪电，使云内电场分布发生变化，电场强度不断降低。云层电场强度降低了，云与地之间的电场强度自然也就随之降低，从而使云与地之间不会发生雷电现象。积雨云范围很大，为了确保消除云地之间发生雷电，可以同时采用与消雹相同的方法。即在积雨云出现时，不等发生闪电就立即向云中发射"消雷火箭"。火箭10支一组，各携带一根约1000米长的金属导线，当火箭进入云层后就会触发闪电。这样，通过向云层不同部位发射火箭，促使其不断放电，就能使云与地面之间的电场强度大大减弱。

上述消雷方法虽然在理论上讲得通，但在实践过程中不可避免地会遇到这样或那样的问题，只有经过反复试验、不断总结，才有可能获得成功。

人 工 防 霜

在寒冷晴朗微风的夜晚，当地面温度降到0℃以下时，某些农作物、花卉体内会结冰而遭受霜冻之害。作物遭受霜冻就像人患了一场大病，严重的还会立即死亡。据估计，全世界受霜冻危害，每年损失约110亿美元。我国农业每年因霜冻造成大面积受灾的情况也时有发生。

长期以来，人们在大面积防霜冻时多采用熏烟法。人工制造的烟幕如同云雾一样，可以阻挡地面散热而达到保温目的，但这样会使空气受到严重污染。另一种常用办法是灌溉法。利用水热容量大的特性，提高和保持土壤温度，避免霜冻危害。也有采取覆盖法的。在黄昏时分，用草席、牛皮纸、黑色塑料薄膜等把作物覆盖起来，可以有效地贮存土壤中的热量。但是，这些办法不是成本太高，就是效果欠佳。因此，每年秋季到翌年春季，预防霜冻就成了农民特别是菜农、花农和果农焦虑的问题。

人们很早就发现，各种植物对低温有着不同的忍耐程度。许多植物能忍受远远低于0℃的低温而不会被冻死。研究发现：完全纯净的水在低于-40℃时才结冰，而自然界中的水在0℃时就结冰了。这是因为自然界的水中不但含有矿物质微粒，而且还生存

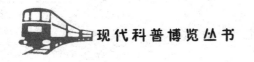

有能够促使水结冰的"冰核细菌"。

那么,这些"冰核细菌"是怎样促使水结冰的呢?原来,在这些"冰核细菌"的细胞表面,有一种能形成冰晶核心的特殊的磷脂蛋白。"冰核细菌"的这一特性,可使植物的原生质发生冰冻,从而破坏植物组织的水分供应,导致植物细胞死亡,而"冰核细菌"就从这些死亡细胞中取得营养。最初,有人用杀菌农药来杀死这些"冰核细菌"。但用这种农药成本太高,还会使环境受到污染,无法推广。科学家发现,有一种叫"噬菌体"的病毒,能在植物上形成保护层,有选择地专门杀死"冰核细菌"。实验证明:这种"噬菌体"病毒可在-5℃时防止植物表面结冰,从而使作物在初霜期或终霜期免遭霜冻危害。

这项技术操作方便,只要在手动喷雾器内或灌溉喷水系统中加入一些含有"噬菌体"病毒的药物,用喷雾器将其喷在植物上,这些"噬菌体"病毒就会像一只只微型蚊子吸附在细菌身上,把自己的基因物质注入到细菌体内。这些基因物质能在90分钟时间里,在细菌内复制出许多新的"噬菌体"病毒。这样,受侵细菌因膨胀而破裂,并释放出新生的自然"噬菌体";后者又入侵其他细菌,使"冰核细菌"像患了急性致命传染病一样成批地死亡。因此,在防霜冻时,只要一点点药物就足以解决问题。

这种防霜冻的病毒不会使植物致病,对人体健康和环境也不会造成不利影响。那么,为什么直到现在仍没有得到推广应用呢?这是因为如果大规模地使用这种基因突变的微生物,有可能把"冰核细菌"从世界各个角落完全排挤掉,以致全球范围内自然界水的结冰温度都下降到-5℃甚至更低。这将对全球气候、生态变化带来难以估量的后果。这项研究工作仍在继续进行之中,以寻找较为理想的方法,把可能产生的副作用减小到最低限度。

运用"气象武器"作战

　　20世纪70年代以来,国外一些报刊上常出现"气象战"一词,引起了人们的关注。

　　30多年过去了,如今的"气象武器"已今非昔比。除人造暴雨、人造干旱、人工触发闪电、人工引导台风、人工制造林火外,人造龙卷风和人造沙漠风暴等实验也在秘密进行。拟议中的气象战手段很多,主要有以下几项:在上游地区连续实施人工降雨,造成下游地区干旱,破坏敌国的农业;人工催化暴雨,制造水灾。近年来,人工制造大暴雨技术又有新的发展。由于在雨中增加了润滑剂,雨落到地面后,地面摩擦就会大大减小,使各种交通工具难以行驶:汽车发动时在原地打滑,正在行驶的汽车会因刹不住车而不断发生车祸;飞机因此而无法起飞,更不能降落,否则就会机毁人亡。用降药雨的办法,造成树叶脱落,使敌人无处隐蔽。用人工降酸雨,腐蚀敌方雷达、坦克、车辆等军事装备和设施。有的国家甚至还进行人造臭氧空洞的实验:向敌方上空发射携有化学物质的导弹破坏臭氧层,人为制造一个臭氧空洞,让太阳紫外线和宇宙射线穿越这个小"天窗"长驱直入,将敌军杀死或迫使敌人钻入掩体,失去战斗力。人造浓雾,用于保护地面目标物,减少光辐射杀伤,掩护进攻,影响飞机起降。

　　2000年12月,德国《图片报》根据美国空军的一篇研究报告披露:"美国空军已经具有气象武器作战技术,并能实施气象武器作战。"文章描述了运用气象武器作战的实况:"在茂密的热带雨林深处,驻守着某国的一支防空部队。当时天空晴朗,骄阳似火。突然,狂风大作,乌云密布,长空闪电接连不断。倾盆大雨把守军

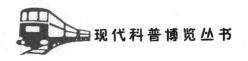

都赶进了掩体。忽然,云散雨停,阳光一片。士兵们刚要返回阵地,只见几架美空军F—18轰炸机从天边的云层中穿出,向营地狂轰滥炸。顷刻,守军死的死伤的伤,所有防空武器和地面设施均被摧毁。"

这种"气象武器"的作战步骤大体如下:首先向云块发射许多"雄蜂"。它们是微型小火箭,能在云块中使云滴产生电荷和出现化学反应过程。云块于是很快变成浓积云,并迅速扩展成积雨云。形成的暴风雨和强雷电,使敌军连眼睛也睁不开,只能躲藏在掩体中隐蔽。在发动攻击前,再向敌军上空发射"雌蜂"。这些"雌蜂"在云中释放出极小的晶体,使得敌方上空云消雨散,晴空一片。此时,轰炸机穿过乌云对敌方阵地实施突然袭击。整个战斗从开始到结束时间很短,但破坏力极大。未来还将应用纳米技术,制造更小的"蜜蜂"火箭,随心所欲地远距离改变敌方天空的云层状况,为向敌军进攻创造条件。

由于研究"气象武器"投入不大,因而被称为"穷国的原子弹"。现在至少有80多个国家开展人工影响天气实验,但有多少个国家在进行带有军事目的的实验,尚未见到公开报道。气象武器既可以做进攻性武器也可以做防御性武器,有着巨大的发展空间。

人工降水

谢菲尔、冯尼格特人工降水实验获得成功,至今已有50多年了。在高原山地用"声波振荡法"进行人工降雨,其历史更为久远。然而,令人不解的是,现在进行人工降水所使用的催化剂和制冷剂,竟然还是碘化银和干冰等。对于一次人工降雨作业结束后,总降雨量中自然降雨和人工增雨两者各占多少,人们至今依然无法认定。人工消雾、人工消雹、人工防霜、人工消雷等人工影响天气的工作,无论是在理论上还是在实践上都没有显著进展。

空中水资源是丰富的,一年中全球天空总水量为11760000亿吨,是地球表面水总量的8.4倍。天空中水的95%是以水汽状态存在于大气之中,而能形成云和降水的水汽只占5%。如何开发利用空中水资源,一直是世界上许多国家共同关注的一个科学问题。现在看来,要真正让"呼风唤雨"的美梦成真,只有广开思路,另辟蹊径,寻找新的突破点。

太阳活动对气候的影响

人类从19世纪开始对地球气候进行研究,使自己对气候变迁的认识摆脱了无知状态,为深入探索地球气候未来的变化趋势打下了基础。气候变迁问题是一个很复杂的问题,牵涉面很广。目前公认的引起气候变化的主要因素是太阳辐射、海陆分布、大气环流、火山活动和人类活动等。而大气环流的多年变化又与太阳活动有关。

太阳是一个灼热的气体球,表面温度为6000℃,中心温度大约有2000万℃。整个太阳表面就像一片翻腾不已的火海。在这火海里,常常出现巨大的风暴,由风暴卷起的涡旋就是太阳黑子。黑子其实并不黑,只是因为比周围温度低1000℃以上,显得暗了一些,看上去就像黑色斑点。黑子常成群结队而行,飞快地跳着圆舞,旋转速度可达2000米/秒以上,比12级台风还要快几十倍。

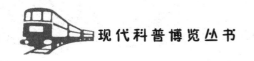

有时,一群黑子的面积可以有几十个地球那么大。

1844年,德国年轻药剂师施瓦布在对太阳黑子连续观察17年后,首先宣布黑子增多和减少有明显的周期变化,这一过程平均为11年左右。这一重大发现,在1851年终于得到科学界承认。按国际规定,从1755年开始作为太阳活动的第一周,目前正处于第23个太阳活动周。在每个周期中,黑子极盛的年头,太阳表面不断涌现出成群结队的黑子群,这时称为"黑子极大",也叫"太阳活动高峰年";而在衰落期间,太阳表面又会几天乃至几十天连一颗黑子都不出现,这时叫"黑子极小"。

太阳黑子的多少,反映了太阳表面活动的强弱。当黑子增多时,常常伴随太阳耀斑出现。太阳耀斑是太阳大气中爆发性的能量释放过程。据推算,最大一次耀斑所释放的能量,相当于几百亿颗氢弹爆炸时的能量。在太阳活动高峰期,巨大的黑子群、猛烈爆发的大耀斑、奔腾起伏的日珥、明亮的光斑和谱斑等频频出现,把整个太阳表面简直变成了一座欢腾热闹的大舞台。而当太阳活动极小年来临时,黑子也随之销声匿迹,太阳表面一切又都复归平静。

1908年,美国天文学家黑尔探测出与黑子相伴随的强大磁场。黑尔根据黑子极性变化分析认为,黑子活动周期更确切地说应该是22年。这就是著名的黑尔磁周期。此外,有人根据200年以上的太阳黑子资料,分析出80~90年的周期,称之为世纪周期。

经过长期观察发现,太阳的一举一动都会对地球和人类产生不同程度的影响。我国气象学家对近500年旱涝史料与降水资料进行分析发现,长江、黄河和淮河流域旱涝有明显的11年周期。竺可桢于1925年研究黑子活动与我国降水的关系时指出:黑子多时,长江流域雨量也多;黑子少时,雨量也少。黄河流域正好相反。太阳活动存在更长周期的变化,它与气候的世纪变化有很好的对应关系。如17、19世纪是太阳黑子活动强度较弱的世纪,相对应的是我国寒冷期,太湖、鄱阳湖、洞庭湖及汉水、淮河结冰次数和我国热带地区降雪结霜年数明显增多;相反,16、18、20世纪是太阳黑子活动强度较大的世纪,相对应的是我国温暖期,上述地区结冰次数和降雪结霜的年数就大为减少。

20世纪70年代,美国科学家系统地研究了美国西部草原干旱发生的规律,发现每隔两个11年周期就有一次干旱发生的规律,并利用这个规律成功地预报了1976年的大旱。英国威尔士大学的两位太阳生物学家研究发现,全球性的"流感"大爆发与太阳活动周期有很好的对应关系,同样存在11年周期。每当太阳黑子活动最激烈的时候,总伴随有"流感"在全球蔓延。

太阳辐射是大气运动和洋流的原动力,太阳辐射发生变化,必然会引起气候变化。黑子与气候之间的关系是极为复杂的,人们至今还没有弄清楚。科学的任务就是探索未知世界,惟其困难才有更大的吸引力。通过长期观测与研究,人类终将揭开太阳黑子与地球气候变化之间的奥秘。

空 间 天 气 学

1995年8月,"亚洲通信卫星2号"升空不久,突然发生爆炸;1997年1月,一颗价值2亿美元的通信卫星突然失灵,数以百万计的美国家庭中的电视图像变成飘落的雪花,时间长达数小时。事故发生后,科学家经过反复调查,发现"空间天气突变"是灾难的元凶。资料证实:在人类历史上,空间天气突变,曾多次引起大规模电力中断、船只导航失灵、计算机瘫痪、卫星通信中断等巨大灾

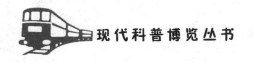

难。然而,人类对于这种来自宇宙的强大风暴却无能为力,只能任其肆虐。

空间天气,是指太阳风、磁层、电离层和热层中,可能影响空间和地面技术系统运行的可靠性以及危及人类健康和生命的一种自然状态。研究表明:太阳是一个能量输出不断变化的天体,有时能把上百万吨的带电物质,以近1000千米/秒的速度抛向地球,这就是太阳风暴。当太阳风暴吹过地球时,会引起地球空间环境发生急剧变化:地球磁层将被压缩,绕地球赤道的高空环电流大大增加,高能带电离子流猛增和电离层状态强烈扰动等。这些会给人类活动造成灾害的突发性空间环境称为灾害性空间天气。

突发性空间天气所造成的危害是多方面的,不仅会导致卫星失效或坠落、通信中断、导航定位不准、输电网等技术系统被损坏等灾害性事件发生,使许多高科技领域的发展面临来自空间灾害性天气的严重威胁,而且还会引起人类心血管疾病患者死亡率增高、皮肤癌患者增多,以及地球天气、气候异常等。

由美国大学高级研究人员和英国"大西洋观测组织"科学家共同组成的国际科研小组,"通过绕地球飞行的宇宙飞船,观测太阳表面的爆炸,再由卫星和地面接收站测出强大粒子流袭击地球的路线,终于观察到了太阳风暴从形成到袭击地球的全过程。"这是人类有史以来第一次获得完整的空间天气变化资料,并在此基础上,首次成功地进行了宇宙风暴预报。空间天气学应运而生。

空间天气学将揭开太阳活动是通过什么样的途径来影响地球气候的,从而使天气预报特别是长期天气预报的准确率有希望得到进一步提高。

为了做好对灾害性空间天气的监测工作,研究灾害性空间天气与地球天气异常之间的关系,我国将利用多种先进的仪器设备和空间探测器严密监测太阳的各种活动。新兴学科——空间天气学将为我国航天事业和气象科学事业的发展做出巨大贡献。

"厄尔尼诺"现象

1997年,在国家海洋局发布的"海洋灾害预测"中,有一条信息引起人们极大的关注:1997年下半年至1998年,将发生一次强"厄尔尼诺"现象,它的发生将对包括中国在内的全球气候产生重大影响。

什么叫"厄尔尼诺"现象呢?"厄尔尼诺"一词来源于西班牙语,是"圣婴(上帝之子)"的意思。因为在南美洲厄瓜多尔、秘鲁附近东太平洋赤道区域几千千米海面上,发生海水温度异常增暖现象是在圣诞节前后,故得此名。

从气候学的角度来看,海洋是地球大气运动的最大热源。1克海水升温1℃所需要的热量为3.901焦。3.901焦的热量可以使1克土壤升温1.9℃,可以使1克空气升温3.9℃。全球海洋100米厚的海水温度只要降低0.1℃,就可以使其上空5千米厚的大气层温度上升6℃。可见,占地球表面积70%的海洋,就是一个巨大无比的热量"贮存器"。因此,在一定区域内,海温发生异常变化,就足以使地球大气运动出现异常变化,造成全球各地气候反常。

"厄尔尼诺"的出现会给海洋生物带来巨大灾难。在南半球,南美洲北部太平洋沿岸常年盛行东南风,因此海水流动是离岸的。由于沿岸海洋表层没有海水补充,使表层以下的海水被迫上升,以替代流走的海水。从而使这些海域出现冷水上翻现象,生成巨大涌流,造成该海域海温偏低。涌升的海水不断把海洋深处

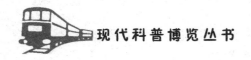

营养丰富的物质带到海面,浮游生物吸收这些营养物质,在阳光照射下生成叶绿素,使自己大量繁殖。这样就为靠吞食浮游生物生存的鱼类提供了丰富的食物。鱼类大量繁殖,又招引来大量以鱼类为食的鸟类、海狮、海豹等在此栖身。一旦东南信风减弱或转变为西风,这里的冷水上翻现象就会停止。而向东的赤道暖性洋流会不断加强,造成秘鲁、厄瓜多尔沿岸及东太平洋整个海域的海水温度比常年偏高3～5℃。生存的环境突然改变,不仅会造成海藻、鱼类大量死亡,而且还会使以鱼类为生的鸟类、海豹、海狮等动物因饥饿而大量死亡。海水也因此而变得腥臭异常、漆黑一片,行驶到这里的航船都被染成了黑色。

"厄尔尼诺"现象对全球气候的影响极大。在"厄尔尼诺"出现的年份,我国长江流域会发生严重的洪涝灾害,而东北地区则有可能出现严重的低温冷害。1997～1998年发生的"厄尔尼诺"现象是20世纪最强的一次,所带来的灾害也是史无前例的。全世界至少有20多个国家遭受严重洪涝灾害。1998年夏季,我国出现南北两条多雨带,一条位于长江流域,另一条位于我国北方地区。由于降雨面广、量大、持续时间长,这次洪涝灾害给人民生命财产和国民经济造成了极大损失。据调查,这次"厄尔尼诺"的出现,给世界沿海地区造成的经济损失达200亿美元。

太平洋上的"厄尔尼诺"现象是怎样形成的,它是怎样对全球气候特别是对我国气候产生影响的,这些至关重要的问题,一旦得到圆满的回答,人类对大气运动规律的认识将进一步加深,长期天气预报的准确率也将大大提高,从而有可能把"厄尔尼诺"造成的损失减少到最低限度。

"拉尼娜"现象

1997~1998年,太平洋上出现的20世纪最强大的"厄尔尼诺"现象,造成全球气候异常,给世界各国带来严重灾害。到了6月,南美赤道附近的海水表面温度开始明显下降。气象学家预测,太平洋上可能出现与"厄尔尼诺"现象相反的"拉尼娜"现象。

"拉尼娜"是西班牙语"少女"的意思。"拉尼娜"的发生与赤道偏东信风加强有关。偏东信风推动赤道洋流从东太平洋流向西太平洋,使温度较高的海水在热带西太平洋堆积,从而使西太平洋成为全球水温最高的海域。相反,在赤道东太平洋海面表层比较暖的海水向西流动后,深层比较冷的海水就会上翻补充,造成东太平洋海水表面水温偏低,从而引发"拉尼娜"现象。"拉尼娜"不像"厄尔尼诺"那样扭曲某地区的气候特征,而是强化该地区的气候特征,使干旱地区变得更干旱,多雨地区洪涝成灾。"拉尼娜"多数跟在"厄尔尼诺"后面出现,大约每3~5年出现一次,对全球气候的影响不及"厄尔尼诺"那样强烈。

在"拉尼娜"出现时,由于东太平洋海水温度下降,南美的智利、秘鲁沿岸的沙漠地区气候将变得更加干旱。而西太平洋包括南海在内的广阔洋面上,由于海水温度较高,导致海面上空的空气对流加强,台风出现次数明显增多,使亚洲南部暴雨成灾。我国东北地区受其影响,夏季气温偏高,而华北地区汛期降水偏多。

目前,气象学家还不了解联系"厄尔尼诺"与"拉尼娜"之间的循环机制。一旦这个谜被解开,就能使长期天气预报的准确性大大提高。

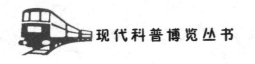

火山爆发与气候的关系

1991年6月9~20日,菲律宾皮纳图博火山连续多次大规模爆发。蘑菇状的火山灰烟云夹杂着水蒸气直冲云霄,喷发高度最高达30千米。滚滚的烟云使火山口东南110千米的马尼拉市天昏地暗,白昼犹如午夜;数以万吨计的火山灰,使大片肥沃的良田变成荒漠。从人造卫星拍摄到的火山灰"云"照片上看,大量的火山灰、二氧化硫喷出物在到达高空后,便迅速扩展到北纬30度以北。20天后,火山灰已经随高空风环绕地球一周,重返菲律宾上空。

据观测,伴有大量含硫气体的极细的火山灰被抛到高空后,便随着高空风飘游全球,形成一个由尘埃组成的帷幕。悬浮在高空中的尘埃,吸收和反射太阳辐射,阻挡紫外光透过,使湛蓝的天空变成乳白色,并造成大气高层变暖,低层变冷,从而改变大气原来的热平衡状况,引起大气运动异常变化。在火山爆发后的几个月至几年内,地球表面气温有明显下降的趋势。同时,升腾到高空中的火山灰尘埃会成为水汽的凝结核,使得云量、降水量显著增多。

火山灰在大气中的分布是不均匀的。火山灰幕的分布取决于喷射地点的纬度和火山灰到达的高度。除位于低纬度的火山爆发能影响全球外,一般位于北半球中、高纬度的火山爆发所产生的灰幕,仅局限于北纬30度以北的区域。因此,火山爆发对各地气候的影响也不尽相同。

强大的火山爆发对我国气候的影响是显著的。17世纪是火山活动十分频繁的时期,也是我国气候异常、江河结冰最多的寒冷期。其间,太湖、鄱阳湖、洞庭湖、汉水、淮河多次出现封冻现象,我国热带地区出现冰雪也极为频繁。1963年3月,印度尼西亚的阿贡火山突然大爆发。入夏后,世界各地异常天气急剧增多。我国各地年平均气温普遍下降0.5℃以上,长江、淮河流域多次发生区域性洪涝灾害,许多地区降水量超过常年同期降水量的1~3倍。8月上旬,我国河北省太行山东麓地区出现了我国历史上少见的特大暴雨。1980~1981年,美国圣海伦斯火山连续大规模爆发后,我国出现"南涝北旱""东涝西旱"的局面;1981年7月13日,四川省出现特大暴雨洪水,更是震惊全国,举世瞩目。

尘埃的气候效应相当复杂,火山爆发究竟是怎样影响气候的,这个问题至今没有最后定论,还有许多问题需要做深入探讨。

漂 移 的 大 陆

1911年秋天的一个夜晚,奥地利气候学家魏格纳在阅读一个论文集时,眼睛突然一亮,被文章中的一段话深深地吸引住了:根据古生物证实,巴西与非洲之间曾有过陆地连接。他立即想起一年前在看世界地图时,觉得大西洋两岸轮廓凸凹相当吻合,脑子里曾闪过这样一个念头——它们是否曾经合在一起过?当时,他认为这个问题也许没有太大的意义,因而没有进一步去思考。这一回就不同了,直觉告诉他,弄清这个问题,对于研究气候变迁、地球构造等一系列地球物理学问题具有重大意义。

为了找到证明地球原始大陆最初是一个整体的依据,魏格纳搜集了大量的大地测量学和古生物学资料,然后进行整理、分析、对比。一个个非常有趣的问题又摆在他的面前:为什么热带的羊

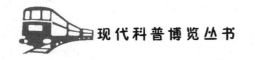

齿植物,过去会在伦敦、巴黎甚至寒冷的格陵兰生长?巴西、刚果在过去为什么会被冰川所覆盖呢?这两种相反的气候在同一地区出现,说明当时这些大陆上的气候带和今天的气候带,正好处于截然不同的位置。只有两个原因能够造成陆地纬度的改变:一个是地球自转中轴倾斜角度改变;另一个就是大陆发生漂移。

魏格纳认为,在2亿多年前,地球上只有一块原始大陆,四周是一片汪洋大海。后来,由于天体引潮力和地球自转离心力的作用,古大陆开始分离漂动。最后,美洲脱离了非洲和欧洲,中间形成了大西洋;非洲的一部分脱离了亚洲大陆,向西漂动,当中形成了印度洋;还有两块较小的大陆向南漂去,成为后来的澳大利亚和南极洲。

1915年,他利用养病的机会,写成了《海陆的起源》一书。魏格纳的大陆漂移学说一问世,便立刻遭到科学家们的激烈反对。物理学家说,坚硬的陆地怎么能够往前移动?简直不可思议;而地质学家则表示,把各个大陆按照其形状简单地拼凑,成为一个单一的大陆,这是"积木游戏",不是科学。魏格纳由于在科学界缺乏强有力的支持者,加上对大陆漂移原因解释不够准确,结果被人们批得一无是处。这个学说也被嘲笑为"一个大诗人的梦"。但魏格纳并未因此而退缩,为了证实自己的论点是正确的,他不辞劳苦,不畏艰险,到世界上的许多地方去收集资料,曾3次深入北极进行科学考察,并最终死在那里。大陆漂移学说也因魏格纳的离去而被人们所淡忘。

大陆漂移学说在科学界被冷落和嘲笑了达半个世纪以后,终于获得了新生。1965年,英国地球物理学家布拉德通过计算机做成了一张大陆拼合图。它表明:北美洲、欧洲、亚洲、非洲和南美洲能够拼合到一起,如果利用离海岸2千米处的等深线,其结果还会更好一些。在此基础上,地质学家又提出了板块构造理论,认为地球表层是由十多块大陆和大洋板块所组成,大陆随板块的漂移而移动。

1979年,美国发射了测量精度极高的地球物理卫星,并对接收到的庞大而复杂的数据进行了计算。1984年5月,美国科学家根据地球物理卫星测量到的地球大陆随板块缓慢漂移的速度和方向后宣布:夏威夷和南北美洲约以5.1厘米/年的速度靠近;澳大利亚与北美洲约以1厘米/年的速度分离;大西洋约以1.5厘米/年的速度扩张。

魏格纳的学说为解释地质时期冰期的起因提供了理论基础,使古气候学家解开了许多令人困惑的谜团。在非洲、大洋洲、南美洲和印度的冰川遗迹,表明这些地区在距今大约2.3亿年前经历过冰期的寒冷气候;在南极大陆蕴藏着丰富的煤层,表明几亿年前这里曾有过一片茂盛的热带雨林;而伦敦、巴黎甚至格陵兰都曾有过典型的热带气候等。这些实例证实了大陆的漂移是引起气候变迁的重要原因之一。

独特的城市气候

1818年,一位气象学家发现城市的气温比周围乡村高。在气温分布图上,城市是个封闭的高温区,犹如海洋中孤立的岛屿,因而被称为"热岛效应"。随着近代工业的发展,一些大城市所释放的热量,已经接近或超过地表面所接受的太阳热能,成为支配城市气候的第二热源。同时,成千上万吨的尘埃和有害气体不断飞向蓝天,使大气成分发生巨大变化。其中有许多起冰核作用的大气凝结核,使得城市的雾、云量和降水量明显增多。更令人惊讶

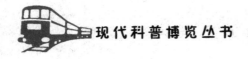

的是，一些城市所释放的热量，在正午时分，竟能冲上2千米高空，使飞翔在城市上空的飞机因上升气流的波动而颠簸摇晃，就像在喷射着岩浆的火山口上飞行一样。因此，人们又把这种现象称为"火山效应"。

"火山效应"造成独特的城市气候，使城市地区的气候反复无常，难以准确预测。特别是在夏季，大气层很不稳定，这种影响也就更为突出。常常会有这样的情况：万里晴空，突然飘来一层乌云，接着就是一场狂风暴雨，有时还会出现冰雹和龙卷风。这些灾害性天气来去无常，恣意横行，往往造成人民生命财产的损失。近20年来，高层、超高层建筑急剧增多，城区夜晚空气流动变得更加缓慢；随着空调的普及，空调压缩机所带来的"热污染"，又把城市的夏夜变得如蒸笼般闷热，从而加剧了城市的"热岛效应"，使城区与郊区夜间的温差进一步加大。袭人的热浪也使有关"热污染"的投诉随之增多。由于城市过度开发，城区灾害性天气出现的频数也相应增加了1~2倍。

在雨量分布图上，城市是一个封闭的多雨区，犹如海洋上的孤岛，因而被称之为"雨岛效应"。与郊区相比，城市的雨量一般要比郊区多5%~10%，暴雨出现的次数一般要比郊区多20%~30%，而城区的洪灾远比郊区要多得多。

为什么城市的降水量和暴雨出现的次数比郊区多呢？

众所周知，充沛的水汽、强烈的上升运动和丰富的凝结核，是产生降水的基本条件。由于市区热空气质量比郊区较冷空气的轻，因此会产生浮力向高空上升，而郊区较冷的空气会下沉，并在低层流向市区，补充市区已经上升的空气，从而形成对流。然而城市的高层建筑群阻挡了空气的流动，源源不断流来的空气除从高楼与高楼之间的空隙流入城市中心外，大部分被阻挡在城市外。这些受阻的空气只能沿着建筑物向上爬升，结果也产生了空气的上升运动。

在热力和动力的共同作用下,城区空气不断上升。在上升过程中,空气温度不断降低,空气中的水汽遇冷凝结成大雨滴,降落到地面。

另一方面,城市每天都要排放大量微粒废气污染物,这就为水汽凝结提供了大量的凝结核。只要有云团移至城市上空,强烈的对流和丰富的凝结核就会使云团加剧发展,产生较大范围的降水,甚至形成暴雨。在城区内,即使天气晴好,如果空气中水汽含量较为丰富,午后或傍晚也会形成范围不大但降水强度较大的热雷雨天气。

近年来,我国城市发展迅速,规模宏大。由于城市过度开发,绿地面积减小,加上城区在改造、扩建过程中将大面积农田和灌溉网变成不透水的建筑物和柏油路面,而且在城市排水系统设计中未考虑到这些因素,因此到了雨季很容易发生河水泛滥;许多地段会因下水管道排水不畅,造成大范围积水,使位于地势较低的房屋被淹,城市交通中断,甚至给人民生命财产的安全造成威胁。

城市化进程加快,正在改变着地球气候。人类活动对地球气候的影响,已引起世界各国政府和科学界的普遍关注。

明 星 的 烦 恼

晴朗的夜晚,当你抬头仰望星空时,可曾想过:在群星璀璨的茫茫宇宙中,我们所居住的地球是一个半径只有6300多千米的小小星球;它犹如一叶扁舟在无边的海洋中飘游。据有幸上天的宇

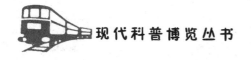

航员介绍,他们在遨游太空时遥望地球,映入眼帘的是一个蓝白相间、晶莹透亮的球体,像一个裹着一层薄薄蓝纱的水晶球。

地球是生命的母亲,她是那样的美丽慈祥,又是那样的和蔼可亲。现在,地球正处在生机勃勃的中年时期。生命在地球上的历史大约已有35亿年,而我们人类在地球上诞生才300万年。300万年在地球史上只是短暂的一瞬。然而,自从在这个蓝色小星球上印下人类足迹以后,地球母亲的容颜便显得憔悴了。特别是20世纪以来,地球母亲忽然变得苍老起来,脾气也越来越怪。

1988年,美国《时代周刊》在一年一度评选"世界明星人物"活动中,曾出人意料地将"明星人物"的桂冠献给了地球,既别出心裁,又耐人寻味。《时代周刊》认为:当今没有一个人或一件事,比这个由岩石、土壤、水、空气组成的人类共同居所更发人深思,更被突出地加以报道。

20世纪80年代以来,全球最高气温纪录不断被"刷新",整个地球仿佛热得发了疯。1988年,北美遭到百年不遇的特大旱灾。整个夏天骄阳似火,干热风把湿润的土地吹得纵横龟裂,使美国、加拿大粮食减产三成。高温热浪犹如一条火龙,四处乱窜:意大利科森察出现了44℃的最高气温;希腊首都雅典出现了42℃的异常高温;埃及首都开罗的气温超过了40℃;在我国,南京、南昌等许多地区的气温也超过40℃。高温热浪夺去了成千上万人的生命。

在自然灾害中,全球受旱灾威胁的人数最多。20世纪60年代,平均每年有1850万人;70年代一跃达到平均每年2440万人;到了80年代,仅非洲西部就有100万人因饥饿而死亡,数千万人流离失所。灾难性的高温干旱,已使人类惊恐万状,坐立不安了。

全球气候异常变暖,难以预测。形形色色的气象灾害,使人类疲于奔命,防不胜防。

在自然灾害中,灾害影响增长最快的是洪涝灾害。20世纪60年代,全球每年有520万人遭受洪水危害,到70年代,已跃增到1540万人。而1988年,仅东南亚国家就有4300万人饱受水患之苦,被迫离开家园。1998年,洪水肆虐全球,至少有20多个国家、3亿多人遭受洪水袭击,被迫离开家园,造成的经济损失达920亿美元,受灾人口创历史最高纪录。我国长江流域、松花江流域出现的特大洪水,更是震惊全国,举世瞩目。

大气层是地球母亲的衣裳,如果没有大气层的保护,地球就会被流星撞得千疮百孔。人类很早就知道,在距地面20～25千米的高空,有一臭氧层。臭氧是"生命的保护神"。它能吸收太阳辐射中99%的紫外线,从而使地球上的生灵万物免遭紫外线的杀伤。然而,谁又能想到,近年来大气臭氧层竟遭到了严重破坏。20世纪70年代,英国科学家发现南极上空周期性地出现臭氧空洞。1985年,美国"云雨7号"气象卫星探测到臭氧空洞的面积已相当于美国大陆的面积。美国《科学》杂志刊登了一则惊人消息:"自1969年以来,横跨西欧、东欧、俄罗斯、中国、日本、美国和加拿大等国的广阔地带上空的臭氧层已减少了3%。"由于臭氧层被破坏,"无形杀手"——紫外线便长驱直入,使皮肤癌、白内障和呼吸道疾病的患者增多,渔业资源遭到破坏,植物生长发育受到抑制,并导致全球气候变暖。现在,臭氧空洞仍在逐年增大。

当人们在尽情享受电冰箱藏物之便和空调消夏之乐的时候,没有人会想到,制冷剂正贪婪地吞食着大气中的臭氧。经过科学家追踪、探索,现在已经查明破坏臭氧层的"元凶"正是人类自己。地球大气已经被人类严重地污染了,"温室效应"、臭氧层被破坏以及酸雨,已经成为深深触动人类社会的三大全球环境问题。

几度风雨,几度春秋,我们的地球母亲经受了多少磨难和痛苦啊!地球养育了人类,而人类给予地球的却是无穷无尽的烦恼。

说到底,对地球环境最大的威胁莫过于人口爆炸。1950年,全球人口不过25亿;到1987年,时隔仅37年,人口就翻了一番;现

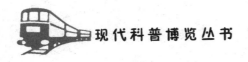

在,全球人口已超过60亿!源源不断出生的人口,使能源和粮食的消耗量急剧增长,而环境质量却日趋下降。地球上凡是能够供人类生存的空间,几乎都挤满了人。在人口快速膨胀的同时,地球上其他生物却在一天天减少,许多物种已经灭绝或濒临灭绝。

大气中的氧气是亿万年来绿色植物辛勤劳动积累的成果。远古时代,森林曾覆盖了地球陆地面积的2/3,达76亿公顷;到1862年已减少到55亿公顷;1978年时只剩下25亿公顷。目前,森林正以20公顷/分的速度消失。随着人口激增,森林面积锐减,大气中的二氧化碳迅速增加,氧气含量相对减少。有朝一日,地球母亲一旦变得赤身裸体,包括人类在内的一切生物都将窒息而死。

那形形色色的自然灾害,不过是大自然一次次向人类亮出的"黄牌"。人类如果还要在地球上生存下去,就得停止对地球的蹂躏。令人欣慰的是,面对大自然的惩罚,人类已经开始反躬自问,并以冷静的眼光重新审视地球、审视自己。各国政治家也纷纷登上国际讲坛,用不同的语言,呼吁世界各国加强合作,为拯救我们赖以生存的地球母亲而携手前进。

尽管人类面临着全球性的环境危机,但只要坚持控制人口增长,强化环境保护,发展清洁能源,逐步消除污染源,并把植树造林绿化大地作为全人类长期的战略任务,那么就一定能创造一个空气清新、水体纯净、树木苍翠、鲜花盛开、井然有序的文明世界。

变暖还是变冷

在过去的20多年里,全球气候出现了一系列的异常变化,灾害性天气频频发生,使世界上许多国家蒙受了巨大的损失。1998

年,发生在我国的世纪大洪水,更是震惊全球,举世瞩目。人们不禁要问:世界气候是否正在"恶化"？未来气候的发展趋势又将如何？

气象学界认为,气候的冷暖、旱涝交替出现,乃是地球气候变迁史上的正常现象。20世纪70年代以来,世界气候尽管变化多端,但是其"变化幅度"尚未超过历史上的"极端记录",因而不能认为世界气候变化已经"恶化"。对未来气候的变化有着多种不同的看法,归纳起来主要有"变暖说"和"变冷说"两种截然对立的观点。"变暖说"认为影响21世纪气候变化的主要因素是人类活动,而"变冷说"则认为气候的自然变化周期将决定未来的气候。

"变暖说"又称"大气热污染说"。持这种观点的科学家,把研究重点放在大气中二氧化碳、甲烷和氟利昂等"温室气体"上。现在,全世界每年要消耗数十亿吨煤、石油等化石燃料。随着现代工业发展,人口激增,森林面积减少,以及城市过度开发,许多大城市所释放的热量,已经接近或超过地表面所接受的太阳热能,成为支配城市气候的第二热源。同时,成千上万吨的尘埃和有害气体不断飞向蓝天,使大气成分发生了巨大变化。其中有许多是起冰核作用的凝结核,从而导致城区雾、云和降水明显增多。此外,大气成分变化,也能改变陆地热量的分布状况。科学家认为:随着全球环境污染日趋严重,大气中二氧化碳等温室气体的含量成倍增长,到21世纪中叶,中纬度地区平均气温将上升2~4℃,两极地区平均气温将上升6～10℃。气候变暖将持续50～100年,从而导致两极冰雪消融,海平面上升,沿海地区被淹,全球灾害性天气增多,沙漠扩展,人畜疾病流行,植物病虫害增多。

"变冷说"又称"小冰河期说"。科学家通过对南极和格陵兰的冰芯、中国黄土高原、深海沉积记录的研究发现,全球气候环境变化存在一个以10万年为周期的冷期—暖期—冷期的循环。在

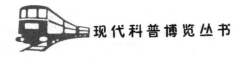

这个周期中,暖期一般持续1万年左右。从变化速率上看,从冷期向暖期的变化较快,而从暖期向冷期的变化较慢。变暖的速率是变冷速率的3倍。气候变暖时是直线攀升,而气候变冷时则是波浪式下降。目前,地球气候已经进入"气象异常的多发期"。在气候环境的大转折时期,会出现十几年气温大幅度上升,而紧跟其后的是十几年气温大幅度下降。持"变冷"观点的科学家认为:地球所处的暖期已有1万多年,当今地球气候正处于大的转型期,全球气候环境正在发生大的变化。以10年计的短周期气候变化幅度将明显增大,灾害性天气也将随之增多,低温期有可能在十几年的高温期后降临。从气候变化的自然周期看,未来气候应该是变冷。到21世纪30年代,地球气温将降低到18世纪80年代的状况,即地球将进入"小冰河期"。我国太湖、鄱阳湖、洞庭湖、汉水、淮河将出现结冰现象。

未来气候究竟是变暖还是变冷?气候变化将会给整个地球生物界带来什么样的影响?围绕这些问题的争论还将继续下去,然而正确答案只能有一个,它将直接影响世界各国的能源政策。因此,这项研究工作具有极高的社会价值。

引起气候变迁的原因

地球气候处于无休止的运动和变化之中。引起气候变迁的原因很复杂,但归纳起来主要有自然因素和人为因素两大类。几亿年来的地球气候史是以温暖时期与寒冷时期交替出现为其基本特点的,具有一定的周期性。人类活动对气候的影响则是多方面的,集中表现在工业化、城市化所带来的空气污染和热污染,滥伐森林、盲目垦荒造成水土流失、土壤沙化和沙尘暴天气的频繁出现。其中,人造二氧化碳等"温室气体"的增加,导致气候变暖,对人类的生存影响最大。因此,研究气候变迁不仅是为了找到预测气候的科学方法,提高防御气候灾害的能力,更重要的还是为了找到改造气候的合理途径,有效地利用气候资源,改善各地的气候。当前,防止地球气候"恶化",是摆在人类面前的一个不容忽视的重大问题。

"南水北调"

我国的大西北,地域辽阔,资源丰富,具有巨大的发展潜力。西北地区温度、日照、风能等自然条件相当优越,但降水稀少。气候干旱成为西北大开发战略实施中所面临的最大挑战,因此解决淡水资源问题就成了开发大西北的关键。

为什么我国西部地区缺水?最根本的原因就是高山阻挡了海洋吹向内陆的暖湿气流,使夏季风难以深入到西部地区。来自热带海洋的水汽,被高山阻挡后,在山的迎风面形成了云雨,只有一小部分能随高空气流进入我国西部地区。

在自然界中,水的循环过程是:海洋蒸发的水汽被夏季风带到内陆地区形成降水后,一部分汇入河流,回到大海;一部分落入土壤中渗透到地下,或者蒸发到空中形成云雨再降落到地面。实际上,大自然就是以"空中南水北调"的方式,年复一年地向内陆地区输送着淡水。

那么,怎样才能改变我国西北地区水资源不足的现状呢?

电影《冰山上的来客》中,有这样一个场面:一班长在和他的

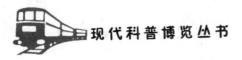

战友值勤时,遭到突如其来的暴风雪袭击,被活活冻死在自己的哨位上。"杨排"悲痛至极,朝天连开3枪。声波在山谷中回荡,接着就发生了震耳欲聋的大雪崩。这个悲壮的场面感人至深,同时也使人们自然而然地联想到:我国西部地区的许多高山峻岭上蕴藏着丰富的冰雪资源,黄河和长江都发源于西部高原地区。那里,不仅有许多山脉终年积雪,而且有不少高原湖泊。但是,这些资源没有得到充分的开发利用,纯洁的白雪积存在山上或渗透到地下或蒸发到空中。因此,当务之急是利用遥感技术,通过资源卫星查清西部地区地表、地下和空中水资源状况。同时,还要查明降水到达地面后,有多少水渗漏到地下,有多少水被蒸发掉,又有多少水被污染。把这笔账算清楚,措施也就呼之欲出了。

我国西部地区同样存在水资源污染问题。在西部地区大规模开发过程中,从一开始就应该保护好水资源,不能走先污染后治理的老路,要先恢复生态后再开发。要强化节水意识,用道德、法律和科学来保护水,使纯洁的天然淡水免遭污染和流失。

尽管如此,从西部地区的年总降水量和蒸发量来看,要摘掉干旱地区的帽子也是很难的。过度开发高山积雪,必然会产生新的环境问题。现在有人提出在西北地区能不能也来个"南水北调"工程。不过,要在高寒缺氧、人烟稀少、地形崎岖的青藏高原修建规模空前的引水工程,不仅耗资巨大,而且所遇到的困难也将是难以想象的。退一万步说,假设这个工程真的修成了,也许还没有投入使用就会因山体大范围垮塌而导致河道堵塞。那时,该如何处理?山体垮塌在高原地区是常有的事,看来这个办法是肯定行不通的。

当今世界,没有解决不了的问题,只有想不到的问题。

印度阿萨姆邦的乞拉朋齐,曾创造年降水量26461毫米的世界纪录,有"世界雨极"之称。那里,有时一天的降水量比成都市一年的降水量还多。因此，只要把乞拉朋齐山炸开一个缺口，给印度洋上空的暖湿空气开辟一条空中通道，让水汽穿山越岭，顺利北上，就能达到"空中南水北调"的目的。"空中南水北调"工程完成后，由于空气中的大量水汽随气流北上，不仅解决了我国西部的干旱问题，而且使印度阿萨姆邦的洪灾大大减轻，从而给两国的社会经济发展带来巨大的好处。

对地球中轴进行微调

曾经有5名俄罗斯科学家向俄政府提出了一项令世人瞠目结舌的建议：将月球摧毁！他们认为月球是地球上发生许多自然灾害的祸源。为首的俄罗斯天体物理学家克鲁因斯基指出：地球自西向东绕着旋转的那条假想的穿过南北极的中轴，倾角约为23.5°。正是这个倾斜度使得地球上出现了明显的季节变化。俄罗斯位于北半球，大部分国土靠近北冰洋，冬季太过漫长，不仅农业生产受到极大影响，而且冰天雪地的生活环境也令人望而生畏。如果地球中轴的倾角变成0°，这就意味着季节变化从地球上消失，整个地球将会拥有适宜的气候，有些地方将会拥有永恒的春天。现在的沙漠会变成绿洲，地球从此将不再有饥饿。没了月球也就不会有大起大落的海潮和由海潮涨落而造成的灾难了。

克鲁因斯基透露："摧毁月球对于今天的人类来说，是一件非常简单的事情。只需要在俄罗斯的'联盟'型火箭上装上6000万吨级的核弹头，然后将它射向月球就行了。我们希望能和美国合作，但如果'摧毁月球'计划在经过慎重研究后，被认为确实有利无害，那么，也不排除俄罗斯采取单独行动的可能。"

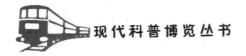

月球是地球的一颗卫星,自古以来就一直陪伴着人类。虽然月有圆缺,但如果真的没了月亮,那人类将会有一种怎样的失落?在今天,摧毁月球也许是一件并不困难的事情,但是当失去月球后再想有一个月球,那只能是一种完全不可能实现的幻想了。改造地球气候的途径很多,作为一个真正的科学家,首先应该具有"全球意识",所考虑的应该是整个生物界的生存繁衍,而不仅仅是自己国家的眼前利益。

地球中轴倾斜偏差的程度主要受月球的影响,其次才是受太阳引力的影响。如果月球不存在了,地球中轴的倾斜度就会发生明显变化。如果地球中轴与地球轨道平面呈垂直状态,那么地球表面将不存在季节的差异;若地球中轴呈水平状态,即中轴线指向太阳,地球表面的一半将有长达6个月一直处于太阳光的照射下。也就是说,地球的一半将连续6个月是烈日炎炎的白昼,而地球的另一半则处于寒冷而漫长的黑夜之中。如果地球中轴不断发生变化,那么地球气候将变得无法预测,整个地球生物也将很快走向灭绝。

天文学家认为:宇宙中如果发现距恒星不太近也不太远且与地球相像的行星,而且它也有一颗大小与距离都适当的卫星,那么这颗行星上的气候就会相对比较稳定,有生命存在的可能性也会比较大。显然,正是因为有月球绕地球运行,才使得地球中轴的倾斜度大致稳定在23°,从而避免了可能发生季节和气候的大变化。

气候的稳定对于生命的进化是极为重要的。地球气候若发生剧烈改变,必然会有数量巨大的动植物种群灭绝。因此,摧毁月球就是毁灭地球。不过,我们倒是可以通过精确的计算,用模拟试验的方法,探讨一下地球中轴的倾斜度到底应该多大才更适合地球生物界,才能够最大限度地改善地球上的气候,减少地球上自然灾害出现的范围和次数。然后,再根据这项研究成果,采取巧妙而稳妥的办法如通过改变月球与地球的距离、月球的质量等来对地球中轴的倾角进行微调。

不该发生的悲剧

"马德堡半球实验"距今已有几百年了,然而,没有人会想到,这一现象却在四川省洪雅县符场乡张坝河抽水站渠道口发生了。不过,这次却是一场悲剧。

事情发生在1978年6月的一天下午7时左右,当时,天气十分炎热。晚饭后,一群十几岁的小女孩相约来到灌渠中学游泳,渠水清澈见底,凉凉的,大家玩得都很开心。这时,有个叫秀英的小女孩见抽上来的河水从水管口涌出白花花的水花,分外有趣,于是就坐在管口处戏水,任其冲刷。不料,准备下班的管水员突然关掉电闸,管内的水倒流,小女孩被出水管口死死地吸住了。大人们闻讯赶来,用力拖也拖不出来,又怕用力过猛会拉断小女孩的手臂。直到找来管水员,把电闸合上,让水涌出,才把奄奄一息的小女孩冲开。送往医院全力抢救,但小女孩终因受压时间太长而死亡。

大气是有质量的。在地面上,每平方米的面积上要承受大约10吨重的压力。一个成年人的身体总共要承受12~15吨重的压力。而大气的总质量,约有5250万亿吨。

假如我们当时也在现场,应该采取什么样的办法抢救这位小女孩呢?

首先应该立即找一根粗细合适的小铁棍或结实的小木棍儿,

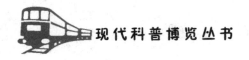

竹签也行，从管口与皮肤之间插进去，然后用力慢慢撬出一个空隙让空气不断进入水管，这样小女孩就能很快地脱离管口了。如果找不到合适的铁棍，就应立即想办法把水管扎个洞或砸烂，只要空气一进去，小女孩就能得救。

小女孩得救以后，在送往医院前已处于昏迷状态，应该立即对她进行人工呼吸。进行人工呼吸时，绝不能用压迫法，而应该用口对口的方法。因为我们不知道她的肋骨和内脏是否已经受到严重损伤。

"空调器"

随着科学技术的发展，人类改造自然的能力愈来愈强，许多科学家也都想在这方面有所作为，以展示自己的才华。但是，人类大规模地改造自然有利也有弊。因此，在提出计划之前，首先要认真总结人类由于盲目开发而导致环境恶化的历史教训。大气是没有国界的，凡是对邻国乃至世界气候会产生不良影响的工程，都必须进行国际性的研究、论证，弄清它的后果和利弊，然后再考虑能否实施，"空中南水北调"是"绿色工程"，它有助于自然界的生态平衡。尽管这种设想难以很快付诸实施，但却给人以有益的启示。

地球两极是个巨大的"空调器"。当地球气候变暖时，极地冰雪融化会吸收大量的热量，使地球气温不会升得很高；当地球气候变冷时，水在凝固成冰的过程中会释放出大量的潜热，使地球的温度不会降得太低。国际上应把南北极都列为永久性的自然环境保护区，以达到保护地球气候的目的。在内陆地区，大规模开发利用冰雪资源,会对气候产生什么样的影响,同样是一个值得认真研究的问题。

家用电脑与气象

电脑是高科技产品,它对使用环境有一定的要求。在各种环境因素中,气象因素对家用电脑能否正常工作和使用寿命的长短影响最为突出。

电脑应安置在不被太阳光直射并远离各种取暖设备的地方。家用电脑在0~30℃范围内的环境温度下,均可正常工作。电脑在工作时会产生热量,使机内温度逐渐上升,特别是在夏季,机身更容易发热。而且电脑长时间连续工作,会使机内热量难以散发,温度上升,加速机内器件老化,甚至造成电路短路等故障。因此,家用电脑的使用时间应以4小时为宜;超过4小时,中间应关机休息片刻。这样,还能使电脑操作者有效地预防因过度疲劳而产生的"电脑病"。此外,室内应经常保持1米/秒左右的微风。微弱的空气流动,对机器的散热极为有利,但不能让灰尘随风进入室内。

湿度:电脑对空气湿度有较高的要求,以相对湿度保持在40%~70%为宜。室内湿度过大,会使电脑元件的接触性变差,甚至被腐蚀,容易出现硬件故障。所以,在潮湿的雨季,应采取放置干燥剂和关门闭窗的办法来降低室内湿度。室内湿度过小,不利于机器内部随机动态存储器关机后存储电量的释放,而且容易产生静电。因此,在湿度低于40%时,可以用放加湿器、洒水、放置水盆等方法来增加室内湿度。为了避免因空气干燥而产生静电,

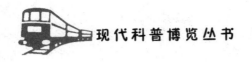

最好铺上防静电地毯。

雷电：自然界中存在两种雷击，一种是直接雷击，另一种是感应雷击。前者电闪雷鸣，令人望而生畏，其破坏力极大。但可以通过在建筑物上安装各种避雷设备来防范。后者却是悄然发生的，不易察觉，但其危害同样严重，而且更难于对付。我国每年都有大量电子设备被雷电击毁，其中绝大多数是被感应雷击所破坏。雷电已成为高科技设备的天敌。因此，在雷电交加的恶劣天气下，绝不能有丝毫的侥幸心理，应立即停止使用电脑并拔下电源插头，切断与外部线路的一切联系。

人体与气温

人体的正常体温为37℃，体温的变化一般在35～42℃。夏季人体感觉最舒适的温度为19～24℃，冬季为17～22℃。人在静止不动时，身体散发的热量和一只100瓦的电灯泡差不多。人体热量的散发，几乎一半是通过头顶实现的，因而头发很重要。头发是不良导体，冬天可保温，夏天可防晒。

有利于人们学习工作为15～20℃，17℃时最适于从事脑力劳动。超过这个温度范围，学习、工作的效率就会受到影响。某实验小学曾做过一次有趣的试验：甲班在有空调、空气净化装置的教室中上课，学生们一直在最舒适的环境温度下学习；同年级的乙班在没有空调和空气净化装置的教室中上课，只有当室温过低时，才适当加热。试验表明：在有空调等设施的教室内上课的甲班学生，学习得既快又好，考试成绩也较乙班高。后来，学校又把两个班对调；结果，被调入有空调等设施的乙班学生，学习进度快,效果好,考试成绩也比调换到没有空调设施的教室上课的甲班学生高。这个实验说明:冷暖凉热对人的智力有明显的影响。

遇到雷暴怎么办

1999年8月的一个下午,天气十分炎热。在南方某山峰上,一群游客正兴致勃勃地向顶峰攀登。突然,远处一块乌云带着闪电向山顶袭来。这时,只见每个人的头发都竖了起来,大家觉得非常好笑。一些游客忙抓起照相机,把这幅人人都"怒发冲冠"的怪相拍摄下来。可是乐极生悲,就在大家捧腹大笑时,一声巨响,在场游客全都应声倒地。结果1人死亡、1人致残、6人受伤。

1991年1月20日,巴西皮里里市足球俱乐部队主场迎战克鲁赛罗队。时值南美夏季,天气变幻无常。上半场,天气晴朗;下半场,忽然乌云密布、电闪雷鸣。一道电光击中了场上的两名运动员,两人当场毙命。紧接着,裁判员和一些球迷也都被雷电击伤。其中,裁判伤势最为严重,被立即送进医院抢救,比赛不得不因此中断。

那么,遇上雷暴天气该怎么办呢?

夏日,外出旅游前一定要先了解天气预报,雷雨天尽量不要外出,更不要登山;已经上山的,要赶快下山,进入室内躲避。旅游时万一遇上雷雨,不要在孤立的凉亭和草棚中久留;如果在游艇、小船上,要赶紧靠岸躲避;如果在街上行走,应赶紧进屋躲避,或者躲到汽车内;不可以在大树、烟囱、高塔、电杆、金属架、金属导管、铁轨的附近逗留。有些室外活动如各类体育比赛,遇到雷雨天气,能停的尽量停下来。当雷电移到赛场天顶附近时,各种

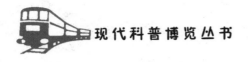

比赛均应立即停止,一定不要站在绿草地上。

强雷雨天气下,应避免打电话;要立即切断电视机、电脑的电源,若有室外天线,还要将天线插头拔下,并将天线和地线接通;要关闭门窗,不让室内出现穿堂风,以防"球状闪电"窜入室内。

体 育 运 动 与 气 象

人体最舒适的环境温度在17～22℃,而有益于人体健康最理想的气温是18℃左右。气温在30～35℃时,人体皮肤血液循环旺盛,代谢能力增强。这时,如果人体内的热量排出不及时,就会引起体温升高、思维迟钝、烦躁不安。气温升至35℃以上时,人体热量增加、大量出汗、不思饮食、身体消瘦。当气温高达37℃时,人体体内的温度调节功能失效。这时,人体由于出汗过多,会消耗体内大量的水分和盐分,使血液浓缩,增加心脏负担,易出现肌肉痉挛、脱水中暑或诱发缺血性中风而危及生命。因此,在高温天气下,一定要注意防暑降温,减小运动强度,减少室外活动时间,避免阳光直接照射。

在运动过程中,人体产生的热量较多,需要及时排出体外。因此,运动时要求环境温度低一些,但也不能太低,温度太低不利于肌肉能量的发挥。据测定,田赛要求环境温度在20℃左右,径赛要求在17～20℃,拳击、柔道等要求在13～16℃。

温度与湿度的不同搭配对体育运动会产生不同的影响。湿度主要影响排汗、体热散发和人体水分、盐分的代谢过程。在正常温度条件下,湿度低对跳跃运动有利;湿度大对需氧量大、排汗量大的运动如长跑等不利。在气温适宜的情况下,相对湿度在

50%～60%最为合适。在相对湿度为30%、气温为40℃,或相对湿度为50%、气温为38℃,或相对湿度为85%、气温为30～31℃时,运动员的体能都难以发挥出来,甚至会出现中暑现象。

风对体育运动的影响十分显著。顺逆风直接影响运动成绩的真实性。例如百米赛跑,当风速达到2米/秒时,会使百米成绩产生0.16秒的误差。侧风会影响射箭、射击的准确性。空气中的负离子,对人体有解痉挛、促分泌、调整神经系统、提高新陈代谢效率等作用,有"空气维生素"之美誉。在雷雨过后或毛毛雨天气,空气中负离子含量较多,此时进行马拉松比赛有利于提高运动成绩。

紫外线只要不超过对人体伤害的强度,就有促进蛋白代谢,增强胃、甲状腺、肾上腺分泌等作用。气压适当偏低,有利于血液中红细胞和血色素的增加。在海拔1500米左右的高原上,由于气压稍低、紫外线偏强,只要经过几天适应性训练,人体的呼吸功能和体温调节功能就会有明显提高,所以是体能训练的好地方。

体育场为什么要南北走向

按国际规定:标准体育运动场应该是南北走向。这当中有什么科学道理吗?要弄清这个问题,就得从地球的运动说起。

地球的运动有自转和公转。自转是地球绕地球中轴自西向东旋转,公转是地球按一定的轨道绕太阳运动。地球自转和公转的科学原理是设计运动场方向的主要科学依据。一座标准的南北走向的体育场,中午12时以前,太阳直射光从体育场的东面向西面照射;中午12时以后,太阳光从运动场的西面向东面照射;对

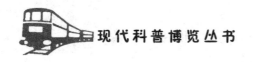
于自北向南或自南向北跑动的运动员来说都是"侧光",从而避免阳光直射人眼。运动场如果是东西走向,那么在上午,太阳光就会直接照射面向东方的运动员的眼睛,使运动员不但看不清前面的情况,而且眼睛也会受到损害。位于西面的物体所产生的反射光,也会使面向西方的运动员产生目眩。在下午,情况刚好相反。这样势必会影响比赛成绩和正常训练。同时,也给场上的裁判员、工作人员带来许多不便。因此,国内外在修建体育场时,总是将体育场的纵轴顺着南北向,以最大限度地避免太阳光直射和反射引起晃眼的不利因素。

体育比赛最佳赛期的选择

1988年10月7日,四川省第六届体育运动会在"盐都"自贡市举行。连日来,自贡阴雨绵绵。到了7日上午,雨仍淅淅沥沥下个不停。根据气象台预报,雨到中午就会停。果然,到了吃中午饭的时候,雨水戛然而止。天气的好转,给下午2时在市体育场举行的开幕式平添了喜庆色彩。看台上座无虚席、熙熙攘攘,到处是欢声笑语。

下午2时正,在雄壮、舒缓的乐曲声中,第六届省运动会开幕,"轰隆隆"礼炮齐鸣。随着上万个彩色气球徐徐升空,万余只信鸽腾空而起,整个体育场上空呈现出一幅色彩斑斓的壮美景象。它象征着蒸蒸日上的群众体育运动,激励着人们进取、拼搏、奋发向上。

当运动员、裁判员退场不久,老天又下起了毛毛细雨。从当时的天气形势来看,天气在转好,是不会下雨的。然而,隆隆的炮声使本来水汽含量就很丰富的低层大气出现水滴增大的现象,从而产生了人工降雨的效果。声波振荡,打开了"天窗",使大气中的微小水滴相互碰撞、增大,降落到地面上。

跳伞表演总是最受欢迎的。当表演跳伞的飞机从成都飞临"盐都"体育场上空时,观众欢呼起来。望眼欲穿的中、小学生,拿着鲜花向空中挥舞。然而,老天不解人意,体育场上空乌云密布、烟雨蒙蒙。飞机要进行跳伞表演就得升到1800多米的高空。云层太低,垂直能见度太差了,跳伞表演无法进行。飞机只好在体育场上低空徘徊数圈,带着深深的遗憾向观众致意,然后飞离"盐都"。

大型团体操在雨中进行着。伴随着轻快而欢乐的乐曲,1000名中学生认真地做着健美操。雨水使在场表演的中学生变成了落汤鸡。然而他们没有埋怨,只是默默无声地向观众们汇报着苦练炎夏所获得的成绩。

连绵秋雨使赛场变得泥泞湿滑,看台上到处是湿漉漉的。"一场秋雨,一场寒。"阴冷潮湿的天气使人们感到压抑沉闷,也给室内外比赛带来许多不便,直接影响了运动员正常水平的发挥。看来,在四川举办大型运动会不宜选在秋季。

四川在哪个季节举办运动会最为理想呢?

我国地域辽阔,气候差异很大。各地举办运动会,要根据本地区的气候特点来选择举办日期。北京的9月下旬至10月上旬,天高云淡,秋高气爽,是举办大型运动会最理想的季节。上海则应选在台风季节刚结束后的9月下旬。秋季是四川的多雨季节,9~11月,常常是阴雨绵绵,最长连续降雨日数可达25~30天。所以,四川在秋季举行大型运动会,是选择了一个天气条件最差的季节。

在四川,高温高湿的夏季,运动员容易中暑而且很难进入状

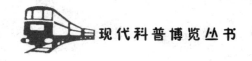
态;冬季温度偏低,阴冷潮湿,运动员的水平也很难得到正常发挥;只有春季才是举办大型运动会的理想季节。以成都为例,成都4月下旬的平均温度为18.8℃,平均最高温度为22.0℃,平均最低温度为13.1℃,平均相对湿度为78%,降水量平均为21.7毫米,平均风速为1.7米/秒。4月的成都,风和日丽,鸟语花香,白天环境温度处于人体感觉舒适的18~21℃范围内。盆地四周群山环绕,冷空气不易大举入侵,所以,我国大部分地区春季常见的大风天气,在成都平原极为少见。

四川盆地春季雨水不多,而4月又是全年湿度最小的月份。四川的春雨有"随风潜入夜"的特色。3~5月平均有81%的雨水降在夜间。夜雨昼晴,空气清新。在这样舒适宜人的气候条件下,运动员精力集中,头脑清醒,反应敏捷,体力充沛,感觉良好,竞争意识强烈,能充分发挥出自己的水平。观众坐在看台上,沐浴着和煦的阳光,观看着精彩的体育比赛,无疑也是一种极大的享受。

"天气福尔摩斯"

1978年2月,加拿大多伦多市有个8岁的小女孩突然失踪。4天后,人们发现她穿着衣服死在雪地里。警方很快认定这是一起谋杀案。然而,犯罪嫌疑人却能证明这4天内的大部分时间里自己并不在犯罪现场。这个案子一时成了疑难案件。于是,多伦多警察局立即请来了著名的法庭气象学家默克多博士,希望通过他,能从天气变化中找到此案的突破口。

默克多在现场经过仔细观察发现,小女孩的脸上覆盖了一层雪融化后又冻结成的冰晶。这就意味着:在女孩死后,气温曾上升到冰点温度以上,使死者脸上的雪融化;然后气温又下降,使融化的雪冰冻结成晶体。默克多首先查阅了当地气温升降的记录,又和一位曾研究体温过低症的医学专家一起,在一具狗尸上进行了实验,从而确定女孩的死亡时间是在她失踪后的两小时。这样,就大大缩小了侦察的时间范围。据此,警方集中精力寻找在这两个小时内的各种罪证,而犯罪嫌疑人却无法证明这个时段内他不在现场。配合其他证据,在事实面前,犯罪嫌疑人只有认罪伏法。

在多伦多的一个公园内,游人发现一具女尸躺在一片干地上。警方在得到报警后迅速赶到现场。经查看,她的手提包内有一顶仍然温乎乎的折叠塑料雨帽放在房门钥匙和钱夹上面。警方从默克多那里获悉,在这个妇女死时,该市只有两个地区在下雨。警方立即调查了这两个地区发生的各种可疑情况。几个小时后,凶手被缉拿归案。

在侦破各种凶杀案、违法案件,寻找工业和交通事故、飞机坠毁、污染事件、神秘森林火灾的原因等的过程中,默克多和法官们逐渐把以研究地区气象特点为目的的气候学与专门审理诉讼案件的法庭,紧密地联系起来了。一门新兴学科——"法庭气象学"应运而生。默克多自1973年以来,在400多起刑事案件和民事案件中,大量利用气温、降水、雨量、日照、风速和卫星云图、气象雷达等气象资料进行侦破,取得了意想不到的效果,被誉为"天气福尔摩斯",成为世界上第一个国际公认的法庭气象学专家。

寒　潮

在我国,冷空气的活动一年四季都会发生,但以冬季特别强

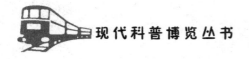

大,影响范围也广,冷空气的爆发南下次数也频繁。一般从9月末开始,到第二年的5月为止,至少有七、八个月影响着我国。冬天那呼啸的北风,漫天的大雪,异常的寒冷,人们对这些并不陌生。春季也经常有入侵的强冷空气,但没有冬季那样频繁、强烈,在降温和大风的同时,雨雪比冬季增多。另外,在晚春时节,天气虽已逐渐转暖,有时偶尔也会有强冷空气南下,一旦出现了这样的天气,就会出现骤冷和霜冻,有时还会伴有雷雨冰雹,对作物幼苗造成极大的危害。夏天,冷空气南下势力不强,但它们在南下的过程中,会与夏天控制我国大部分地区的暖空气发生冲突,形成持久的下雨天气。盛夏的雷雨天气,也往往和南下的冷空气活动有关。"一场秋风一场凉",秋天时,冷空气已比夏天加强了。有的年份,入秋不久冷空气就来了,使我国淮河和秦岭以北地区出现早霜冻,影响已晚熟的农作物的收成。

虽然一年中都有冷空气南下,但并不是上述所有的南下冷空气都叫寒潮,那么什么是寒潮呢?

极地来的冷空气

1.什么是寒潮

高纬度地区的寒冷空气,在特定的天气形势下迅速加强南下,往往造成沿途大范围的剧烈降温和大风、雨雪天气,这种冷空气南侵过程达到了一定的标准,才称为寒潮。因为这大规模的强冷空气来势迅猛,有如潮水袭来一般,所以人们称它为"寒潮"或

"寒流"。由于寒潮是一种大范围的天气过程,所以一次寒潮影响我国时,波及的地区很广,甚至影响全国。

2.寒潮天气

古往今来,人们就从寒潮对生产、生活和军事活动所造成的影响和危害中,加深了对寒潮活动和寒潮天气的认识。当风云突变,北风或西北风呼啸而来,雨雪交加,气温猛降等天气现象出现时,人们就会说"寒潮"来了。

那么,为什么在强冷空气南下的过程中,会伴随上述的寒潮天气呢?

当高纬度的冷空气团南下时,一旦与暖空气团相遇,在冷暖空气接触的地方就形成了一个交界面。气象学把它叫做"锋面"。寒潮冷空气力量强大,锋面推向暖空气方向前进,这时,我们就称它为"寒潮冷锋",也叫"冷空气前锋"。

在寒潮冷锋地带冷空气和暖空气相互交锋。由于冷空气的密度比暖空气大,前进中就像楔子一样,插到暖空气的下面,把暖空气抬举向上。上升的暖空气不断变冷,里面包含的水汽就凝结形成浓密的云层,产生了雨、雪天气。在寒潮冷空气前部,冷空气流动的速度很快,总是发生大风,所以寒潮冷空气前锋实际上就是一条风狂雨(雪)暴的地带。它长度可达几百到几千千米,宽度可达几十到几百千米,风力一般可达6至8级,强的可达10至12级。寒潮前锋到达后,一天内温度可骤降六、七度甚至一、二十度,造成刚烈的严寒和冷害。下面分析一下寒潮冷锋过境前后的最突出的天气表现。

1)寒潮冷锋过境的大风

在寒冷的冬季,寒潮到来之前,往往有一段暖和的天气。还经常刮南风,一般风力不大,在地形适当的地区,也会达到5~6级以上。群众中流传有这样的测天谚语："南风吹到底,北风来还礼""南风越是紧,北风越是准",有经验的人都知道,这预示着天要变坏了。实际上,这回暖的天气,只是寒潮冷锋前的暂时天气现象。当寒潮冷锋一来到,风向风力都会有极明显的变化。由于冷空气的强度不同,锋面坡度也不同,寒潮大风出现的情况也就有差异:有时风向一旦转北,风力就立即增大;有的在风向转北后,风力是逐步增大的。

寒潮大风的最大风速常出现在冷锋过境后三小时左右,风速一般可达5~7级,海上一般可达6~8级。短时大风达到12级的情况也可出现。大风的持续时间一般为一天左右。在初冬时节,寒潮大风如遇有北方小股冷空气不断补充,往往大风可持续3天左右。此时,若寒潮由西路入侵我国,会带来黄土高原的黄土,则出现天昏地暗的天气。春天,北方土地解冻,表土干燥疏松,遇到寒潮大风会引起扬沙,能见度恶劣。有时,扬沙大风可延伸至长江流域。

2）寒潮过程中的降温

寒潮冷锋过境后,气温随即下降,继而出现霜冻和结冰。每次寒潮降温的强度和持续的时间是不同的,一般有以下同类情况降温幅度较大:冷空气影响前,气温回暖显著,则寒潮前锋过后降温幅度大;若寒潮南下后,白天云量很多,日照弱,到晚上云消天晴,则降温幅度大;若在寒潮冷锋的后面,有大范围的强冷空气引导气流,则降温幅度大,持续的时间也较长;在山的迎风面和山谷、盆地等地形条件下,冷空气易受阻或堆积,降温幅度也要大些,持续的时间也会长些。

3）寒潮影响时的降水

一年四季的冷空气南下,都会影响各季节的降水。我国东部是季风气候,从华南春雨到长江流域的梅雨,以及夏季的华北雨季,都是洋面上暖湿空气与冷空气相遇而形成的。

在冬季,由洋面上吹来的暖湿空气很难到达高纬度地区,因此,在寒潮影响时,我国淮河以北的西半部地区很少降水。而在淮河以南,降水机会较多,有时在华南能造成较大区域的降水,但降水强度一般不太大。如遇东移的冷空气回流,在东北和华北也会造成大范围降雪。

春季是寒潮引起降水机会较多的时期。华北地区可有雨、雪,但多半降水时间较短,降水量较小。长江流域到华南地区,在寒潮南侵时,则经常产生降水,偶尔伴有雷暴、冰雹出现,有时还会形成连绵的阴雨天气。

夏季的冷空气极少能达到寒潮标准,但由于夏季水汽条件好,只要有冷空气南下,就会造成降水。一般降水强度较大,次数较多,持续时间也较长。在盛夏,随着季风的加强,降水区能达到较北、较西的地区。

秋季寒潮影响的降水带变化较大,这和西太平洋上副热带高压控制的位置有关。这个高压位置偏南时,雨带也偏南;高压偏北时,雨带也偏北。特别是深秋时节,寒潮引起的降水,在华北、长江流域持续时间都不长,冷空气过后,立即就转为"秋高气爽"的天气了。

寒 潮 是 怎 样 发 生 的

1.寒潮的源地

寒潮源地,是指冷空气开始形成和聚集的地方。从上所述可

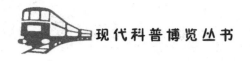

知,高纬地区,特别是两极地区是地球上最寒冷的地方。影响我国的寒潮冷空气,主要是来源于冰雪封冻的北极地区和靠近的寒冷大陆上。一到冬季的"永夜"期间,这些地方温度降得更低,形成巨大的冷气团,成为北半球寒潮的发源地。具体来说,影响我国的寒潮冷空气有三个源地。

第一,新地岛以西的北方寒冷的洋面。这个源地向南爆发的寒潮次数最多。

第二,新地岛以东的北方寒冷的洋面。这个源地虽然影响东亚的冷空气次数较少,但气温较低,只要来到,便能达到寒潮标准。

第三,冰岛以南的洋面。这个源地影响亚洲的冷空气较多,但由于它的气温比其他源地的冷空气高,所以达到寒潮标准的不多。

2.寒潮的酝酿与爆发

1) 能量的转换

为什么北冰洋和极地大陆的冷空气有时待在它的"老家"并不南下,而有时又成为寒潮南侵呢?这是因为一次寒潮过程,就是一次大气中能量的聚集、转换和释放的过程。而这个过程的完成总需要一段时间。

大气中的能量以各种形式出现:由地心引力作用于不同高度的空气而产生的能量,叫做位能;空气质点在运动时具有的能量,叫做动能;表示气体分子热运动状态的能量,叫做内能;大气中水分在发生三态变化时吸收或放出的能量,叫做潜热能。

为了说明能量的转化,我们先介绍一个理想化的情况。一个容器,中间用隔板隔开,两边体积相等。一边是冷空气,一边是暖空气。这时冷、暖空气之间虽然只一板相隔,但温度则差的很多,也就是在隔板两侧是水平温度梯度最大的地方。如果我们将隔板抽去,假定冷暖空气不相互混合。由于冷空气比重大,要下沉;暖空气比重小,要上升,最后冷空气全部沉到下面,暖空气全部升到上面。此时,冷空气在抽去隔板前的位能,在流动中转化为了动能,位能已处在最小的状态了。

当然,大气中的情况远比上述的理想状况要复杂得多,但其基本原理是和这一样的。与寒潮的爆发有关的能量,实际上是"有效位能"。它是大气中实际位能超过最小位能的那一部分位能,只占整个位能的二千分之一。大气中能够转向为动能的位能就是"有效位能"。

寒潮冷空气是在高纬地区形成的大范围的冷空气团,十分强大,十分寒冷,而且还不断的堆积、增厚。在寒潮爆发的初期,锋面比较陡,锋面的两侧冷、暖气团间水平温度梯度大。此时冷空气不是处于最小位能的状况。它处在与锋面另一侧的暖空气并立的状态,有较大的平均有效位能,一旦有一个触发条件,这部分平均有效位能就会转化为动能,使冷空气向暖空气一方运动,并逐渐楔入暖空气的下方。到了寒潮后期,锋面比较平缓,冷空气的重心大为降低,已接近于最小位能的状态,有效位能也即消失。寒潮大风的产生,就是因为寒潮初期的平均有效位能转化成动能所引起的。

一般可以认为,水平温度梯度越大,蕴藏的平均有效位能也就大,转化成的动能也大。寒潮的强度大小,从能量的角度看,决定于初期蕴藏的有效位能的大小。寒潮来临之前,天气越暖,寒潮强度越大的原因就在于此。

2)大气环流的功劳

在气象学上,把冷空气团称做冷高压。从气象观测中发现,只要寒潮源地的冷高压的气压不断上升,温度不断的下降,就表

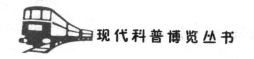

示寒潮在孕育成长之中。到一定程度,就酝酿成熟了。但是,这个强冷空气团要倾泻南下,还需要一定的条件,否则它们也只好呆在"老家"了。这个条件就是大气环流的调整。

大气环流,就是指的大气环绕着地球运动的状况。人们所感到的风就是大气流动生成的。有的大气的流动,是世界性的,它围绕着地球流动;有的大气流动是中等范围的,上千或几千千米;有的则是小范围的、地方性的。这些大、中、小范围的气流共同交互影响,就构成了大气环流。

为了使大家便于了解大气环流与寒潮的关系,用一张500百帕等压面图来介绍一下大气环流的基本状态。因为500百帕等压面在对流层的中层,所以分析高空的天气情况,500百帕天气图具有一定的代表性。

在等压面图上的等高线(或地面图上的等压线)在某些地方闭合。如果圈内高度(或气压)大于圈外者称为高气压,简称高压;反之为低气压,简称低压)。如果等高(压)线有一方开口,就叫做高压脊或低压槽,高压脊用脊线、低压槽以槽线表示其位置。另据观测知道,大气在高空的自由运动中,经常是沿着等高线走的。在风前进的方向上,右手一边气压高,左手一边的气压低。不难看出,风是自西向东沿等高线运动的,槽后刮西北风,槽前刮西南风;脊后刮西南风,脊前刮西北风。两个低压槽最低点之间的距离称为波长。波长跨度在千千米以上的称为长波,波长小于千千米的称为短波。

东亚寒潮的爆发主要是与这些高压、低压、槽、脊位置的变化、演变的形式有关。这些天气形势是互相影响、互相制约的。也就是说,寒潮天气过程的始末就是天气形势上的长波发生一次调整的过程。当大气长波发生调整,形成了高空的脊与槽都很深的情况时,在槽后、脊前的西北气流就很强大,可引导地面上冷高压处堆积的冷空气南下。因此说，没有大气环流的功劳，或许寒潮冷气团就一直只能呆在遥远的北方了。

3.寒潮过程的结束

不难看出，寒潮过程要具备两个条件：一是冷空气的酝酿和堆积的过程；再一个就是要有引导冷空气南下的大气环流。当上述两个条件不再存在时，寒潮过程也就结束了。

寒潮初期，冷、暖气团之间的锋面较陡，冷空气的重心高，温度梯度大，蕴藏着较大的有效位能。寒潮爆发，有效位能转变为动能，形成了大风。随着有效位能的减小，锋面逐渐平缓，冷空气重心不断降低。当位能接近于最小位能时，锋面变得很宽，水平温度梯度随之变小，并逐步接近消失。此时，大风就随之消失，寒潮也就结束了。隔一段时间，冷空气在高纬地区又重新酝酿堆积，形成新的冷高压，孕育着另一次寒潮。这也是寒潮隔一段时间才能爆发一次的原因之一。

从大气环流上来看，绝大多数寒潮的发生，都与东亚大槽的重新建立和北半球长波调整相联系，而东亚大槽是不断新陈代谢的。寒潮初期，这个槽很弱并东移。随着寒潮的酝酿成熟，大槽在东亚建立，槽后的西北气流引导冷空气南下，寒潮爆发。当大槽减弱并继续东移，引导气流消失，冷空气也就不再南侵，寒潮过程便随之结束。同时另一次寒潮的初期开始了。经过一段时间，具备了适当的条件，又会有一次新的寒潮爆发。

那么，寒潮冷空气南下后，会不会使受侵地区永远温度那么低呢？从实际生活中人们知道，一般寒潮南下后，冷空气团经过一定的时期，它的严寒和干燥的特性会逐渐改变，这在气象上叫做"变性"。由于冷空气的厚度一般只有二、三千米，就整个大气层来说，还是比较浅薄的，当冷空气受了南方较暖和的地面的影响，

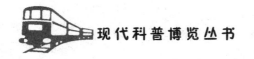

便要逐步回暖。即使是势力十分强大的冷空气团,受到太阳的照射和南方地面"加热炉"的烘烤,日子长了,也会发生变性,显得暖和一些。但是,当寒潮源地不断地聚集新的冷空气,而经向环流又很显著的条件下,一股冷空气爆发南下,接着又会有新的冷空气南下。在这种情况下,就没有明显的回暖过程,而会出现连续大风降温的情况。遇到这种天气,只有当冷空气聚集减慢、经向环流形势减弱后,才会有天气的回暖。

变性的快慢随季节而异,冬季变性慢,春、秋季变性快。在较远的南方,即便是在冬季,寒潮的影响时间亦较短,回暖的也快。这除了因为冷空气"奔驰"了几千千米,到达远的南方时,也已是强弩之末,同时它到了暖空气的故乡,也只好"入乡随俗"了。

我国的寒潮

一年四季——春、夏、秋、冬,每一季节内都有不同的天气现象发生。这些天气有的为人类造福,有的会带来灾害。寒潮就是我国冬季常发生的一种灾害性天气。

1.我国寒潮概况

入侵我国的寒潮,主要发生在9月至次年5月间。据1951~1975年资料统计,24个年度共有461次寒潮和冷空气活动过程。其中影响一半省份以上的全国性寒潮53次,平均每年发生2次;仅影响北方一部分省份的区域性寒潮发生103次,每年平均4次。对每一年来说,有的年份寒潮多,有的年份寒潮较少。如1968年

9月至1969年5月,共有全国性寒潮2次,区域性寒潮8次;而1974年9月到1975年5月,全国性寒潮1次,区域性寒潮也仅1次。有的年份寒潮来得很早,如1968年9月24日就来了;而有的年份却姗姗来迟,如1983年入冬后直到1984年1月中旬,寒潮才第一次来临。每年最后一次寒潮发生的时间也不一样,如1975年1月上旬寒潮过程后再也没有来过寒潮;而有的年份,寒潮却频频而来,如1959年迟至5月下旬,还有一次南下的寒潮。

从平均情况来看,寒潮活动的主要时段有六个,即10月中旬、11月下旬、12月中旬、1月下旬、2月中旬和4月上中旬。这些时段,分别对应于二十四节气的寒露到霜降,小雪,大雪到冬至,大寒,立春到雨水,以及清明等节气。这也说明,在我国冬半年内,每当季节转换的主要时段,就会有强冷空气来临。

据对1951~1975年24个年度的寒潮出现资料的分析表明:11月出现寒潮(包括全国性的寒潮和区域性的寒潮)次数最多;而全国性寒潮12月、2月、3月、4月出现次数较多;9月和5月出现寒潮的机会较少,几年内才遇到一次。

2.寒潮的路径

据统计,三个源地的冷空气有95%都要经过关键区(70°90°E,43°~65°N),从关键区再往东分成四条路径侵入中国。冷空气从关键区到影响中国西北地区一般要2448小时;影响华北地区、东北地区要3天;影响长江以南要4天。

(1)中路(或称西北路):从关键区经蒙古到达中国河套附近南下,直达长江中下游及江南地区。这种路径的冷空气在长江以北以大风降温为主,江南可以有雨雪天气。

(2)东路:从关键区经蒙古到中国华北北部、东北南部,冷空气主力继续东移,但低层冷空气向西南移动,经渤海侵入华北,再从黄河下游向南可直达两湖盆地。这种路径的冷空气,常使渤海、黄海、黄河下游一带出现东北大风,华北出现"回流"天气,气温较低。

(3)西路:冷空气从关键区经新疆、青海、青藏高原东侧南下。这种路径的冷空气往往在中国产生大范围雨雪,降温幅度不大,但有时在冷空气影响期间,南支锋区与北支锋区位相一致的情况下,可以造成西南、江南地区的明显降温。例如1971年11月12~14日一次西路冷空气影响过程中,从印度经中国西藏到亚洲中部为同位相的高压脊,特别在南支锋区上经向度很大。这次冷空气侵入,使昆明最低气温达-3℃,超过历史同期记录。在这次冷空气影响下,广州也出现了霜,粤北山区有冰冻。

(4)东路加西路:东路冷空气从黄河下游南下,西路冷空气从青海东南下,两股冷空气常在黄河、长江之间汇合,然后侵入江南、华南。这种路径的冷空气,首先造成中国大范围雨雪天气,随着两股冷空气合并南下,出现大风和降温。

上述路径是对全国而言的,对于局部地区来讲,依据寒潮冷空气经过本地区的来去方向,也可以定出类似的路径,但不一定一一吻合。

沿着不同路径进入我国的寒潮冷空气,其脾气也各不一样。西路的寒潮,在南欧往东拐弯后,一路上吸收了不少水汽,本身变得又冷又湿,到我国遇到暖空气迎接它时,会在大范围内降雪或降雨;气温下降,也有大风发生;但比起西北方或北方来的寒潮则要缓和一些,影响的区域也不会太大。而从西北方或北方来的寒潮冷空气,在途经西伯利亚时,能经常得到这个地区早已形成的冷空气补充而加强,其本身变得非常干冷,最冷时可达零下四十多度。继续前进时,速度又很快,它的前锋冷气流最快一天可跑2000千米。这样到了一个地方时,就会使当地气温急剧下降,同时产生大风和雨雪天气,其范围可以波及全国。从东北来的寒潮,对我国影响程度较轻,范围也只偏于东北和华北地区。

寒潮的预报

1.寒潮天气的预报

冷空气活动带来的天气,由于冷空气强弱、路径以及季节不同而有差异。冬季寒潮冷锋过境时常带来大风和剧烈的降温,有时还伴有霜冻、降雪和沙暴。淮河以南比淮河以北降水机会增多。春秋季的寒潮一般带来大风和降温天气,由它引起的终霜、初霜和霜冻对农业生产造成很大威胁。春季,寒潮在北方常带来扬沙和沙暴,使能见度恶劣,对交通和国防有影响,在长江流域以南常伴有雨雪,有时还会出现雪暴与冰雹等灾害性天气。

1) 大风的预报

(1)在寒潮冷锋前地区,一般吹偏南风,风力不强,但当冷锋前低压槽发展得较强时,则偏南风可很强。如在内蒙古东部及东北地区,由于东北低压的生成和发展以及地形作用,锋前偏南风可达5~6级以上,当寒潮冷锋过境时,风向突变,由南转北,风力剧增。

(2)寒潮冷锋后风力的大小与气压梯度成正比。而且当气压梯度集中在近锋面的北侧,冷锋南下速度快,锋面坡度陡,锋前低压槽(系统)发展得比较深的时候,冷锋过境后风向一旦转北风,风力立即加大;反之,风力慢慢加大。

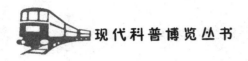

（3）冷锋过境后大风的平均维持时间是1~2天,当冷锋过境后冷高压中心东移慢,气压梯度向南扩散慢,或者有冷空气补充时,则大风维持时间较长,可达3天左右;反之,大风维持时间短,只有1天左右。

2）降温的预报

寒潮影响时,急剧降温是普遍的现象,其降温的急剧程度及持续时间长短主要从以下几方面考虑分析。

（1）寒潮影响前空气回暖的程度:若空气回暖明显,则寒潮来临时,降温幅度就大;反之,则小。

（2）寒潮的强度:若寒潮强度强,则降温幅度大;若有冷空气补充,冷空气变性慢,降温持续时间长;反之,持续时间短。

（3）天气状况:若寒潮南下后,白天碧空无云,日照强,夜间云量增多,长波辐射少,则降温幅度小,回暖快;反之,白天多云到阴,夜间到早晨晴朗,降温幅度大,易出现霜冻。

（4）地形:在山的北坡(迎风坡)降温强度大些,且持续时间长些,在山的南坡(背风坡)则反之。在山谷盆地,冷空气容易堆积,因此降温幅度大些,持续时间长些。

2.防寒措施

寒潮并非百害而无一利。它也会对人们生活和经济建设,起到一些积极的作用。

寒潮带来的严寒天气,使越冬的植株害虫大量被冻死。一次又一次的冷空气到来,它的下沉作用,可以破坏一些工业城市上空存在的逆温层,有利于减轻大气污染。严寒,也可以减少空气中的病菌,增加空气的清洁度。积雪覆盖下的越冬作物可以完全越冬;雪水融化,使土壤温度降低,有助于冻死越冬的虫害;雪水还起到增加土壤中的水分,有利于解除旱象。严重的寒潮,可使盐场冰下制卤,使产盐量大大提高。高山冰川,在寒潮大雪的影响下,不断地增加冰川厚度,为次年靠冰川融化的雪水灌溉区,提供了丰富水源。此外,在北方牧区,可以充分利用寒潮带来的风,带动风力发电机发电。

1)抗寒防霜措施

远在北魏时期,我们祖先就对霜冻的形成和防御措施有过研究。当时著名的农业科学家贾思勰在《齐民要术》一书中指出:"天雨新晴,北风寒彻,是夜必霜,此时放火作煴,少得烟气,则免于霜矣"。他是世界上第一个提出以熏烟防霜方法的人。杂草、麦秸、稻秆燃烧后的烟尘粒子,漂浮在离开地面很近的上空,阻止了地面热量辐射到高空去,把热量保存在烟尘和地面之前。一般熏烟后,近地面和植株表面温度可提高2℃左右。熏烟虽然取材容易,但局部小块田熏烟就起不了太大作用,只有在霜冻发生前气温下降到零上2℃时,进行大面积熏烟作业才有效。

我国北方,有灌溉条件的大田常用引水灌田法,防御晚霜冻对冬小麦的冻害。灌水,使近地面土壤从水中得到热量,增加土温,湿润土壤和提高近地面空气的温度。霜冻发生前一天下午灌水,效果最好,可以使土温增加2~3℃。棉花防御晚霜冻不宜用灌水法,因为灌水以后棉桃容易开裂,延迟吐絮。

小面积的经济作物农田,可采用覆盖法防霜冻。新疆、甘肃农村,以土覆盖棉苗,保温效果好,又节约了劳力。霜冻过后再把覆土扒开。蔬菜、瓜果秧苗,也有采用碗、盆或以厚纸做成圆锥形纸筒覆盖的。芦席、稻草、草木灰和畜粪等覆盖,也能起到防冻效果。

按照当地的气候规律,合理改良农业栽培措施,调整布局,适

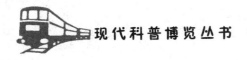

时播种,躲避冻害等,是最积极的防霜措施。在无霜期短的地区,应种植防寒能力强或生长期短的品种;我国南方三麦(大、小、元麦),拔节后15天左右是受冻最敏感时期,应在播种时考虑这个时期不应和霜冻期相遇。

2)防御低温防雨的措施

过去,湖北省农村流传过这么一句歌谣:"春忧烂秧夏忧涝,秋忧寒风吹坏稻",说明了农民对低温阴雨烂秧和寒露风的担忧。现在已总结出较好的防御低温阴雨和寒露风的办法:冷尾暖头躲低温,早稻齐穗避寒风。

防止低温阴雨对早稻产生烂秧的危害,应在播种前精选抗寒力强的品种,采用温室蒸气育秧,到播种时抓住"冷尾暖头",也就是在一次冷空气过后的回暖时段抢晴播种,使秧苗在暖的气候环境下发育生长。万一低温阴雨发生时,要用覆盖物覆盖秧苗,并进行灌水,早灌夜排,以提高秧田的温度。

寒露风在我国南方各地出现的日期不一致,必须掌握好当地寒露风的气候规律,找出晚稻的安全齐穗期。寒露风来得早的年份,要考虑怎样避过寒露风对晚稻抽穗开花的影响,合理选择品种,使晚稻能在安全齐穗期前后把穗出齐。寒露风来得晚的年份,要看中时机早插秧,以使其早抽穗开花,待寒露风来时早已齐穗。在寒露风影响期间,要及时对稻田灌水,以提高田间温度。施叶面肥和根处追肥,也是抗御寒露风,提高产量的好办法。

3)趋利避害

寒潮大风可以作为一种能源而被广泛地利用。作为寒潮进入我国的大门地区——东北、华北、西北边域及高原上,更有利于风能发电。从1957年起,我国就开始发展风力发电,1983年5月上海已研制出刮9级以上大风仍能安全发电的风力发电机,适用于北方多寒潮的地区使用。

新疆石河子和甘肃安西到有一道道的农田防护林带。当大风遇到和它方向相垂直时,受到阻挡,迫使一部分气流抬升,从林带上面越过去,另一部分气流则从林带的树林中间穿过,这样就减小了风力。据测定,林带迎风的一面,在距离林带高5倍的地方,风力就开始减弱;到背风的一面,在林高20倍的范围内,风速就会比原来减低25%,也就是原来的8级风会降为6级风。它挟带沙尘的力量也就大大减弱了。我国盛产葡萄的吐鲁番盆地位于百里风区之内,自从营造了1300千米的防护林,70%的农田实现林网化后,严密的绿色长城使8~9级大风吹来也起不了灾害作用了。

暴雨的形成原因

暴雨是夏季的主要灾害性天气之一。气象部门使用的暴雨标准各省不全一样。北方地区年雨量较小,暴雨标准就低一些,南方地区年雨量较大,暴雨标准就高一些。我省气象部门使用的暴雨标准是:日降雨量在50~100毫米的为暴雨;日降雨量在100~200毫米的为大暴雨;日降雨量大于200毫米的为特大暴雨。

暴雨的形成是一个非常复杂的物理过程。涉及的因子很多。形成暴雨有两个最基本的条件:一是要有充沛的暖湿空气,二是要有强烈的空气上升运动,两者缺一不可。

大家知道,要下雨必定先有云,要下暴雨更要有浓厚的云层。云是由接近地面的暖湿空气上升遇冷后,里面的水汽逐渐凝结成小水滴而形成的。当云中的小水滴凝结增大到一定程度,就要从

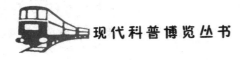

云中落下来变成雨。如果某地的暖湿空气非常充沛,水汽含量很大,同时又有强烈的空气上升运动,把地面的暖湿空气源源不断地输送到高空,使之凝结成大小水滴,当这些水滴越来越多,越来越大,上升气流再也支托不住它们时,就会从空中降落下来,形成来势凶猛的暴雨。那么,形成暴雨所必需的大量水汽是从哪里来的呢?强烈的空气上升运动又是怎样产生的?下面我们就来谈谈这两个问题。

形成暴雨所需要的水汽有两个来源:一是空气本身蕴藏的水汽,二是由外地输送来的水汽。地球上一切有水的地方,如海洋、江河、湖泊、水库、森林每天都在向空中蒸发大量的水汽。据有人计算,大气中蕴含的水汽总量有十亿吨之多。如果把这些水汽全部变成水,均匀地平铺在地球表面上,将形成一层24毫米厚的水膜。不过,大气中的水汽含量各地分布是很不均匀的,有的地方多,有的地方少。它将随季节、地理位置等条件的变化而变化。

每到夏季,原来控制亚洲大陆的冬季风已经衰退、减弱,而被强盛的夏季风所代替。我国位于欧亚大陆的东南部,面临广阔的太平洋,西南与印度尖相望。夏季来临后,我国大部分地区盛行西南季风和东南季风。这两种季风都是从太平洋、南海和印度尖等洋面上吹过来的,含有大量的水汽。进入盛夏,夏季风活动范围逐渐向北推进,一直可以影响到华北、东北和内蒙古自治区的东南部。这时,由海上吹过来的西南季风和东南季风也一直可以伸展到我省,从而为暴雨的产生提供了充足的水汽条件。

但是,要产生一场暴雨,单有大量的水所还是不够的。还必须同时有强烈的空气上升运动才行。所谓空气的上升运动,也就是一种由地面向上刮的风。我们通常所见到的东风、西风、南风和北风都是指水平方向的风,还有一种向上或向下刮的风——垂直气流。这种垂直气流平时不容易被人们感到。因为在近地层,垂直气流的速度很小,空气每秒钟只移动几厘米。但到了高空,尤其是云里,情况就大不一样了。在那里,垂直气流的速度可高达每秒几米甚至几十米。正是由于有了这种速度很快的垂直气流,才能把近地层的大量暖湿空气抬升到高空,形成云雨。因此垂直气流是形成暴雨必不可少的重要条件之一。大气中的垂直气流是由以下几种原因造成的。

1. 由热力对流引起的垂直气流

夏天,骄阳似火,灼热的太阳光把近地面的空气晒得火辣辣的,地面空气受热后,变轻上升。而离地面较远的高层空气受热较少,温度较低。于是就出现了上冷下热,上重下轻的现象,地面的暖湿空气不断上升,上层的冷空气不断下沉补充,空气发生了上下翻腾的现象。这样就产生了因热力作用而产生的垂直气流。夏天午后出现的热雷时就是由这种热力对流作用而产生的。热雷雨发展快,雨势急,常出现在午后到傍晚前后,一到夜间,天气很快就转晴了。

2. 由锋面抬升引起的垂直气流

锋面就是冷暖空气相遇时的交界面。当冷暖空气相遇并流发生交锋时,由于冷空气比暖空气重,冷空气就要插入暖空气的底部,迫使暖空气沿着冷空气的上部向上滑升,这样就在暖空气中产生了一种上升气流。上升气流反近地面的暖空气沿着锋面抬升到很高的高度从而形成云雨。根据冷暖空气不同的流动情况,大气中的锋可以分为冷锋、暖锋和静止锋等几种。当冷空气朝暖空气方向推进而形成的锋称为冷锋。当暖空气朝冷空气方向推进而形成的锋称为暖锋。当冷暖空气势力均等,锋面位置移动不多或来回摆动的,叫静止锋。冷锋中根据锋面移动速度的不

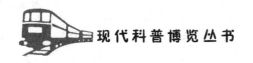

同,又可分为缓行冷锋和急行冷锋。

在缓行冷锋中,暖空气沿锋面上升比较平衡,上升速度比较小,形成的雨区较大,雨势较缓。在急行冷锋中,由于冷空气前进的速度远远超过暖空气后退的速度,因此低层的暖空气沿着锋面急剧上升,上升速度很快,对流特别强烈。当冷锋扫过某地时,往往是狂风暴雨,电闪雷鸣,有时还伴有冰雹。

3. 由地形抬升作用引起的垂直气流

当暖湿空气向前推进的时候,遇到山脉阻挡或进入地形收缩地带时,就要被迫上升,产生上升气流,空气在上升过程中膨胀冷却,报导温很快下降,水汽开始凝结,形成云雨。当气流越过山脉或沿地形开放地带前进时,就要产生下沉运动,空气增温,湿度变小,去雨随之消散。由于山脉对报导流的抬升作用,一般在山脉的迎风坡上降水大于背风坡。坡度越大,降雨也越多。在河谷地带,因气流上坡作用和地形收缩作用同时发生,所以上升气流特别强烈,形成的降水也更多。

4. 由气流辐合上升作用引起的垂直运动

大气运动中有许多大大小小的旋涡,形成各种不同的气压系统,如高压系统和低压系统。在低压系统中,空气总是从四周向中心流动,由于地球自西向东转动的关系,在北半球的低压区域里,气流做逆时针方向的旋转,所以"低压"又叫做"气旋"。发展深厚的气旋里有很强的辐合上升运动,低层的暖湿空气不断被抬升到高空,温度下降,水汽大量凝结,形成暴雨。

由于以上几种空气上升运动的存在,仿佛在云和地面的空气层之间,建立了一条看不见的通道,地面的暖湿空气通过这条通道,被源源不断地输送到高空,使云层不断加厚,云中的水滴越积越多,越来越大,最后便倾泻而下,形成暴雨。

华 南 前 汛 期 暴 雨

1. 华南前汛期暴雨的特点

华南(包括两广、福建、台湾)是中国雨量最充沛的一个区域。平均年雨量最大,暴雨次数最多,雨季也最长,从4月一直持续到9月。雨季可分为两个时期,4~6月为前汛期,7~9月为后汛期。前汛期的降水多由副热带高压北侧的西风带系统所造成,有时也会受到热带天气系统的影响。平均在5月中旬前后,南海夏季风建立后,前汛期相应出现盛期和暴雨集中期。7~9月主要是由热带气旋和ITCZ等热带天气系统直接影响而产生降水。

华南4~6月平均总降水量,各地在500~1100mm。大部分地区4~6月总降水量占年降水量40%以上,武夷山脉到南岭山脉一带占全年降水量的一半左右。

4~6月是华南全年暴雨日数最多的时期。华南4~6月暴雨日数占全年暴雨比例最大的地区有三个:一个在武夷山脉,占全年暴雨日数的60%~78%;一个在南岭山脉中段,占全年暴雨日数的60%~70%;一个在阳江附近,约占50%。华南前汛期降水具有范围广、雨时长、强度大的特点。如1977年5月30日陆丰白石门24小时雨量达884mm。华南前汛期正值主要江河汛期,因此比后汛期更易出现洪涝灾害,而且程度较严重,如1994年6~7月,华

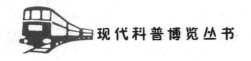

南出现连续性大范围暴雨,并导致历史罕见的大洪水,造成了严重的损失。

2.华南暖区暴雨

华南前汛期暴雨就其本质来说,是适量的冷空气南下与热带暖湿气流的共同作用所造成的。但是,华南地区在锋前出现的暴雨,特别是一些罕见的特大暴雨多数出现在锋前暖区,与经典的气旋波动模式(雨区在冷空气一侧,暖区多晴好天气)迥然不同,有其独特的天气学特征。

华南暖区暴雨,一般是指产生于华南地面锋线南侧的暖区里,或是南岭附近直到南海北部都没有锋面存在,而且华南又不受冷空气或变性冷高脊控制时产生的暴雨。

江淮梅雨

每年初夏,自6月至7月上半月这段时期内,在湖北宜昌以东的26°～34°N的长江中下游地区(向东可伸至日本南部),常常出现连阴雨天气,这时正值江南梅子成熟季节,故称"梅雨"。又因这时空气湿度很大,百物极易受潮霉烂,故亦俗称为"霉雨"。

梅雨期的长短及降水量的多少,对该地区的影响很大。例如梅雨期短,降水量少,可给这一地区带来干旱;相反,梅雨期长,降水量大,则又可给这一地区带来洪水灾害。因此,做好梅雨天气的预报,对国计民生、工农业生产有很重要的意义。

1.梅雨天气和气候概况

梅雨天气的主要特点是:长江中下游多阴雨天气,雨量充沛,相对湿度很大,日照时间短,降水一般为连续性,但常间有阵雨和雷雨,有时可达暴雨程度。梅雨结束以后,主要雨带北跃到黄河流域,长江流域的雨量显著减少,相对湿度降低,晴天增多,温度升高,天气酷热,进入盛夏季节。

梅雨是中国东部季节性雨带从南往北跳跃停滞的结果,是大型的降水过程,它的年际变化很大。一般把梅雨期开始称为"入梅",梅雨期的结束则称为"出梅"。梅雨有两种,一种为"正常"梅雨,平均开始于6月中旬左右。在正常梅雨之前,5月中旬与5月底出现的梅雨称之为"早梅雨"。对于梅雨期,各地的统计标准不完全一致,统计结果也有差异。

据江苏省气象台统计,平均入梅在6月20日,出梅在7月10日,梅雨期长20天。入梅最早是5月30日(1957年),最迟是6月30日(1969年),两者相差一个月。出梅最早是6月17日(1961年),最迟是7月30日(1954年),两者相差近一个半月。一般来说,梅雨期愈长,降水量愈多。如1954年、1991年为大涝年。相反,梅雨期愈短,降水量愈少,如1958、1978两年,梅雨期不到5天,总降水量不超过60mm算为空梅年,即为旱年。

2.梅雨暴雨

江淮流域的梅雨期人们受历史或古人的描述或受个别典型的梅雨天气气候概念的影响,普遍认为某地一入梅,就必然是阴雨连绵的天气,某些缺乏实际预报经验的预报员也有这种错觉。这主要是由于没有对历史上的梅雨期进行深入、细致的天气气候特征的分析,这里作者借助于江苏省近40年梅雨期区域性降水资

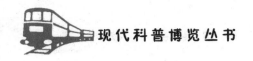

料,将江苏淮河以南地区划分为:苏南地区(长江以南)、沿江地区、江淮地区(长江和苏北灌溉总渠之间)、沿淮地区四片。针对梅雨期的雨日(日降水量0.1mm)、暴雨日(日降水量≥50mm)、连续暴雨过程(5天中有3个暴雨日)、梅期集中性降水时段,结合120°E副高的演变特征进行了统计分析,可以得出如下结论。

1)梅期雨日

36年中有16年的梅期雨日占梅长的80%或以上,尚有20年即56%的年份,其梅期雨日只占梅长的50%~79%,所以梅雨期未必都是连续的连阴雨天气。

2)梅雨期与暴雨

(1)梅期第一个暴雨日与入梅日间隔的天数:

①入梅日即为暴雨日的占15/36。

②入梅日后一天有暴雨的占6/36。

③入梅日后2~5天有暴雨的占8/36。

④1977年、1992年的梅期暴雨日出现在入梅后的14~15天。

以上统计说明:在入梅日或入梅后一天有暴雨的年份占21/36,36年中几乎有1/3的年份,入梅日只是区域性降水的开始,而未出现暴雨过程,所以把出现暴雨作为入梅的标志是不妥的。

(2)入梅后,雨量陡增,暴雨频繁,这是梅雨期的主要气候特点,尤其是连续暴雨过程的出现是梅雨期暴雨的特色。据江苏省降水资料统计,只有1963年、1974年入梅前各出现过一次连续性暴雨,而在梅期中连续暴雨过程则频频出现。40年梅期中只有7年没有出现连续性暴雨过程,出现概率最大时段在6月5日至7月4日。在此期间出现的连续暴雨过程占梅期暴雨日总数的80%~90%,所以可以认为连续暴雨过程是梅雨期显著的天气特点。

3)梅期总雨量和连续暴雨过程

梅期总雨量的多少,除与梅长有关外,还决定于梅期中暴雨过程的多寡。统计丰梅年南京单站梅期暴雨过程雨量占梅期总雨量的百分比。

丰梅年梅期暴雨过程总雨量所占梅雨总量的百分比,平均为75%,最多年份占87%,最少年份占65%。但暴雨日总数所占梅长的比例平均为18%,最少年份(1982年)暴雨日只占梅长的6%,但其暴雨日降水总量却占梅雨总量的65%。

从梅期连续暴雨过程所累计的总雨量分析,往往决定着整个梅雨期的总雨量和梅量的丰、歉。1962年梅长24天,江苏省沿江、苏南地区出现连续暴雨,7月4~8日,5天过程总雨量达到200~250mm,占该区域梅雨总量的70%~80%。1975年梅长32天,6月20~27日江苏沿江地区暴雨总雨量300~500mm,占区域梅雨总量的67%~83%。1980年梅长43天,6月24~28日江苏江淮间暴雨总雨量达200mm,局部250~300mm,以上几年梅长度在24~43天,均只出现一次连续暴雨过程持续5~8天,只占梅长的1/5,但其区域性总雨量,却是整个梅期总雨量的70%~80%。

总之,梅雨期中的阴雨和暴雨,都是环流季节性调整过程中冷暖空气交绥产生的不同形式的天气现象,同属环流调整时的产物。在一定环流条件配置下,入梅雨可以是暴雨或连续暴雨过程的开始。但在相当多的情况下,往往是一般性降水的开始,尤其当西风带急流入梅前位置偏北,在副热带高压北移的情况下,长江中、下游以南地区往往先受静止锋雨区北侧边缘的影响,先进入梅雨期。在天气反映上只是阴雨连绵,到入梅后,由于副高的稳定增强,长江中、下游地区处在副高输送的强盛的暖湿气流之下,西风带一旦有较强的冷空气南下,就能出现盛梅期的集中性降水时段——暴雨和连续暴雨过程。例如,1962年6月16日入梅,长江中、下游以南地区,受28°~30°N附近的静止锋影响,先出现一般阴雨天气,降水不大,到梅雨后期副高再次增强北移时,于7月4~8日产生了区域性的连续暴雨过程,7月6日南京日降水量为124mm,7月4日武汉日降水量为198mm。

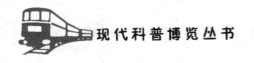

华 北 盛 夏 暴 雨

约在7月中旬,当太平洋副热带高压第二次季节性北跳后,江淮流域梅雨结束,接着华北雨季开始,从气候上分析,华北暴雨有以下几个特点:

1.雨季短,暴雨期集中

华北雨季从7月中下旬至8月中旬,前后不到一个月,历时很短。但华北暴雨的80%~90%,集中出现于盛夏7~8月,这两个月的雨量一般占冷暖空气交绥全年雨量的60%~80%。

2.暴雨强度大

华北泡;平均年雨量300~800mm,河北省500mm左右。华北暴雨次数比南方少,大部分地区每年只有1~2场暴雨,但雨强很大,有时一次暴雨过程可达7~8月平均雨量的50%以上,有的竟达年平均雨量的2~3倍。河北省1959~1978年共有23次大暴雨,其中有10次都出现500mm以上的最大暴雨中心。著名的"63.8""75.8"特大暴雨过程总雨量分别达1329mm、1631mm。1953年7月1日,山西省的梅桐沟出现5分钟降雨53.1mm的极值。由此可见,盛夏雨季的降水量其实常取决于1~2场暴雨。暴雨强度大,时间集中是华北易出现洪涝的主要原因。

3.暴雨与地形密切有关

华北暴雨主要发生在山脉迎风坡和山区,如燕山南麓、太行山东麓和南部、伏牛山东麓以及沂蒙山区是暴雨最易发生和强度较大的地区。河北省190个暴雨中心(日雨量≥100mm)分布为:山脉迎风坡占60.4%,平原占34.2%,高原及背风坡只有5.4%。

春季低温阴雨

2～3月在华南,3～4月在长江中下游,南方的暖湿空气开始活跃,北方的冷空气活动频繁且有一定的强度,冷暖空气相互交绥,在地面图上出现准静止锋,在850hPa和700hPa上出现东西向切变线,连阴雨就出现在地面锋线与700hPa切变线之间。当锋面、切变线位置偏南时,连阴雨发生在南岭以南地区;当锋线、切变线位置偏北时,连阴雨出现在长江至南岭之间。

连阴雨就是降水持续3～7天或更长的时间,细雨霏霏,难见阳光。过程总降水量不大,以30～100mm为最多。长江以南的连阴雨一般是大范围的,雨区可达百万平方千米。可见连阴雨天气具有范围大,雨量小,持续时间长的特点。

当连阴雨伴有低温出现时,称为低温阴雨。低温阴雨对早稻育秧危害极大,是一种灾害性天气。如何来具体划分低温阴雨天气过程,各地标准不一,多是根据日平均气温和持续天数,如广州中心气象台所定的标准为:1 日平均气温≤12℃,连续4天或以上;2 日平均气温≤10℃,连续3天或以上;3 日最低气温≤5℃,连续2天或以上;4 日平均气温≤15℃,同时每天日照≤2小时,连续7天或以上。也有的台站是从总雨日持续天数来考虑,如上海气象台规定总雨日(每日雨量>0.1mm,或雨量≤0.1mm,但日照<5小时称为一个雨日)5天以上,其中至少有三个连续雨日,同时要求无雨日

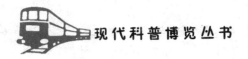

前后一天日照至少5小时,算作一次低温阴雨过程。

据统计,长江中下游(上海)和华南(广州)的低温阴雨一年中最多出现4~5次,其中以出现2次和1次的概率为最大。低温阴雨在长江中下游地区以持续5~7天概率最大,占63%,最长可持续18天;而华南地区最长可达28天,以3~5天概率最大,占56%。总而言之,春季长江以南各省的低温阴雨以3~7天的居多,8天以上的低温阴雨相对是比较少的。这种低温阴雨天出现次数的多少和持续时间的长短是与大范围环流形势的变化密切相关的。

龙 卷 风

1.什么叫龙卷风

龙卷风(或龙卷)是一种激烈旋转的空气旋涡。它在短时间内,在小范围地区可以造成激烈的破坏。从这个意义讲,龙卷是大气中破坏力最强的风暴。龙卷旋转空气柱的直径一般在30~800米,因而这种小范围的天气现象在天气图上是看不到的。龙卷常常发生得非常迅速和突然,有时事先几乎毫无征兆。例如,在有些经常出现龙卷的国家,经常可以遇到这种情况:在龙卷出现前不久,还是一派春光明媚的景象,而突然西方的天空被乌云和雷暴云所遮蔽,隆隆雷声猛然大作,激烈的飑线也随即到来。黑暗的天空、电闪、雷鸣,再加上强风构成了龙卷风天气的景象。因而在有些国家(例如美国)大多数农家专门挖筑了躲避风暴的地窖,当这种可怕的天气现象到来时,他们就迅速地躲到里面去。

在我国,龙卷并不多见,春季和夏初主要发生在华南、华东一带,其他省区偶尔也有龙卷出现。在西北干燥地区,可以见到一种叫尘卷风的旋风,样子虽然很像龙卷风,但产生原因与龙卷根本不同。在我国近海地区有时也能见到水龙卷。

龙卷是一种猛烈的旋风,在涡旋内部空气柱强烈的旋转着。当龙卷发生时,一个像漏斗或像鼻似的空气柱从雷暴云底盘旋向下,这种空气柱叫漏斗云。漏斗云是龙卷现象最显著的特征。当它伸到陆地地面时,常常吸起大量尘沙、碎片,形成尘柱。强的龙卷风能拔树掀屋,破坏力极大。当漏斗云在水面上通过时,能吸起高大的水柱。龙卷是一种严重的灾害性天气。一些强烈的龙卷可以破坏其移动路径上的任何物体。1925年3月18日在美国曾出现一个最强大的龙卷,风暴以30米/秒的速度走了360千米,沿途使689人死亡、1980人受伤。但这种强龙卷是个罕见的特例。

龙卷是一种小范围的强烈天气现象。龙卷移动路径的长度一般在几米到80千米,破坏区的宽度经常不超过几个城区。有些龙卷的破坏区只有12平方米。因而龙卷通过的路径上破坏极大,但在路径百米之外,几乎完全无风,似乎像龙卷根本没有通过时一样。

过去曾经认为龙卷只发生在北美洲大陆上。后来在世界各个地方也不断观测到龙卷。根据比较可靠的记录和观察,在每一个陆地国家都出现过龙卷风。其中出现龙卷较多的国家是美国、英国、新西兰、澳大利亚、意大利、日本等。

2.龙卷风的种类

龙卷风有三种:陆龙卷(一般也叫龙卷)、冰龙卷和高空漏斗云。它们共同的特征是有漏斗状的云从空中向地面伸展,漏斗的

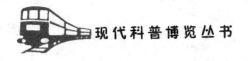

母体是积雨云。

前面说的梨状云就是龙卷中最常见的一种母体云。当这种云在天空出现时,常常警告人们将有龙卷形成。当漏斗云触地时,才称做龙卷,如果是在陆上为陆龙卷,在海上为水龙卷。有时从母体云伸出的漏斗云并未到达地面而悬挂在高空,这种情况称为高空漏斗云。

实际上龙卷和高空漏斗云是经常转化的。在移动过程中漏斗云先下降到地面,走一段路即抬起升入空中,以后又向下伸展到地面。尤其在很长的移动路程中,漏斗云会多次下降到地面。有时由于低空有降雨、或建筑物的遮挡、或在夜间,人们只能看到龙卷的高空漏斗部分,看不到伸展到地面的气柱。因而容易确定为高空漏斗云。但是,如果在地面发现有龙卷出现的迹象(如狭窄的路径,爆炸性的破坏,巨大的响声等)则应该把这种漏斗云看做是龙卷。陆龙卷和水龙卷也会相互转化,当发生在海洋上的水龙卷移到沿海岸地区时,经常变成陆龙卷。

龙卷的漏斗云有许多不同的形状。

与龙卷相似的一种现象叫旋风,它也是一种强烈旋转空气柱。当旋风经过多砂土的地区时,常常把大量尘沙卷起到空中,形成大家所熟知的尘卷风。旋风的强度一般要比龙卷风弱,但并非总是如此,有些很强的尘卷风也像龙卷风一样可以把卡车等重物吹起。根据美国的统计资料,美国有50%以上的龙卷风强度都比不上这种尘卷风。

旋风与龙卷风最基本的差别在于它没有母云,因而也就没有从母云向下伸展的漏斗云。旋风涡旋本身是透明的,只是由于旋转气柱中的强上升气流把尘土、砂石或其他物体卷入其中,然后上升,才使我们看到涡旋的存在。一般情况下,龙卷风和旋风的称呼是不分的。在本书中,我们也用旋风表示龙卷与旋风的总称,旋风的种类和特征。

3.龙卷发生的条件

龙卷这种现象很早以来人们已经熟知。但关于它形成的原因和确切的物理过程并不十分了解。目前人们了解较多的主要限于与龙卷发展有关的一些天气条件,而对于龙卷发展和形成的过程只能提出一些推测。

龙卷是一种强烈旋转的涡旋,气柱中有强而持续不断的上吸运动或上升气流。相应在低层引起流入的空气迅速地向内汇合。根据角动量守衡原理,气柱的动量更加集中,旋转更快,以此可导致龙卷的形成。因而任何有关龙卷生成的理论和观点,都必须说明这种强而持续的上升气流是如何产生的。

一团空气既然要使旋转运动在小范围内集中和加强起来,必须在开始应具有一定强度的旋转。这在自转的地球上一般是满足的,因为除了在赤道附近或很小的区域内,空气总是具有一定程度旋转的(在北半球是逆时针向的)。在大气中很强的上升气流是经常出现的,但延续时间非常短暂,因而不一定引起龙卷的发生。要使龙卷发生,上升运动不但强而且持续时间长,只有空气在整个深厚层次中具有不稳定性时才会实现。即要求空气是强烈对流不稳定的。这个条件也是对流性雷暴发展的条件。观测也表明,龙卷的发生总是与雷暴的出现密切相关。但在极少数情况下,在干燥空气中也能出现强而持续的上升气流。有人曾经描写过形成在澳大利亚丛林大火灾上的龙卷,这时它的温度递减率比干绝热递减还要大。

在美国,龙卷形成的条件很典型,它表现出与不稳定空气的发展、移动和爆发有紧密的关系。美国的龙卷常出现在春季和初夏,但一年的其他时期也可以发生。在年初,如2月、3月龙卷主

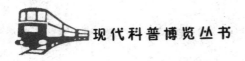

要出现在墨西哥湾沿岸,因为暖湿的空气最早在这里出现,以后随着季节的推移。龙卷最可能出现区域的中心向北移动,5月达到高峰,位于中西部中区。到6月,最大龙卷区移到堪萨斯州、内布拉斯加州、衣阿华州,而这时原来南面的得克萨斯和俄克拉何马两州却没有什么龙卷。到了7月,龙卷区到达加拿大西部。因而整整四个月内龙卷区完成了横越美国大草原的长途旅行。它充分地表明龙卷的发展与不断北移的不稳定气团密切相关。

当一层较厚的干层位于较浅薄的湿层之上时,空气的不稳定性最强。由于这种不稳定能量是潜在的,需要一定的条件才能释放出来,因而这种空气叫做条件不稳定空气。低层的空气是来自南方,在天气图上表现为一支来自墨西哥湾很强的气流。上部的干层是从西面越过南北向落基山脉的空气,这种空气不但干燥,还有一定的下沉运动。这种条件不稳定气团如果不通过一定方式转变为深厚不稳定气团使不稳定能量释放出来,是不会产生强而持续的上升运动以使龙卷生成。那么通过什么变化过程完成这种转变呢?

现在回答这个问题是困难的,因为实际观测资料很少,现在的气象观测网还非常不适合了解发生在很小范围的这种现象。有人从2465次大气探测中只发现11次是能够用来说明这种变化过程,就是这11次也不是恰恰在龙卷发生地点和时刻,而是距龙卷80千米以上,离龙卷出现前1小时之内进行的。这种资料之所以非常稀少并不奇怪,是因为气球探空仪(测量大气温度、压力、湿度)是在相隔几百千米的地点释放的,并且一般一天只进行2次或4次。为了阐明这个重要问题,必须用装备仪器的飞机进行观测,并积累较多的资料。

但是凭天气预报人员的经验却可以找到不稳定能量得以释放的条件。他们发现,当龙卷形成时在大气中层(3~6千米)存在有一支狭窄的强风速带。常在龙卷形成前出现的飑线大致与这些风相平行。正是这种风的分布触发了气团内大量的上升运动,因为在某种条件下这支气流将引起空气在大气低层辐合,在上层辐散出去,结果形成大量空气上升。虽然垂直速度并不大(为5厘米/秒),但如果以这个速度持续上升12小时,空气能够抬升到2千米,这完全能促使蕴藏的不稳定能量释放出来。

当空气对流不稳定达到明显的程度时,上升气流愈来愈强,于是依次产生雷暴、冰雹、龙卷的条件就成熟了。事实上,在许多雷暴中只有其中一部分产生冰雹,而产生龙卷的更少。

从上面的说明可知,龙卷发生的基本条件与强烈雷暴发生的条件是一样的。但有些龙卷的发生不一定与雷暴或积雨云有关联。有人曾在西太平洋热带的关岛岛屿上观察到信风积云中也可以出现龙卷(水龙卷),这种云的云顶高不超过3600米。龙卷维持了10分钟左右,一动也不动,以后逐渐消失。

还有的龙卷,无论是发生条件和季节也都与上述有一定差异,很少出现理想的条件不稳定空气团,例如在英国,由于夏季很少发生强烈雷暴,龙卷的出现也不集中,而是冬夏都有龙卷出现。1963~1966年在英国曾出现了36个龙卷日,其中20个就是出现在1~3月的寒冷季节里,强度比美国的要弱得多。这表明两处龙卷产生的条件是有一定差异的。在日本,龙卷的出现非常奇怪,在西岸、龙卷出现最多的时期是在隆冬,这和冬季该处盛行的西北风相应,但在东岸,龙卷最多的时期是在夏秋,即与台风盛行期一致。须知整个日本列岛只有250千米宽,在这么短的距离,龙卷发生有那样明显的差异,这说明地理位置或大气气流条件的影响是多么鲜明!

在我国沿海的龙卷有时与台风有关,它们常出现在台风的前缘。例如在1953年8月24日,1954年8月底和1956年9月24日

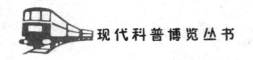

在上海出现的一些龙卷就是发生在风暴之前。据推测,这种龙卷可能与台风前沿飑线中强烈的对流单体有关。这种龙卷中的更小涡旋有人称"吸上涡",能造成较严重的破坏。

在欧洲,龙卷在春末出现最多,到8月遍布整个欧洲大陆。到秋季,龙卷移出大陆,向西向南退去,以后出现在英国和意大利南部。在印度,最多的龙卷发生在4~6月,这时热的低气压经常出现在孟加拉湾北部——阿萨姆邦西部地区,许多破坏性的龙卷也就发生在这个时候。南美洲的龙卷以初夏最多。澳大利亚一年四季都有龙卷出现。因而从世界范围看,形成龙卷的气象条件是相当复杂的,对于具体的对象必须具体分析其气候和天气条件的特点。

水 龙 卷

当龙卷发生在水面上时,就叫做水龙卷。有些陆龙卷在途遇江河时,虽能吸起高大的水柱,但严格说,这种龙卷不应划作水龙卷。例如1970年5月27日有一个龙卷在湖南沣县境内形成,经过沣水时,在江心卷起一个大于30多米高、几十平方米大的水柱,河底都卷干了。水龙卷和陆龙卷在一些特征和结构上有一定差别。有许多事实证明,水龙卷一般较弱,不如陆龙卷强。但强的水龙卷破坏性也不小,可以翻船、造成生命财产损失,尤其当它们移向陆地时,危害就更大。另外,水龙卷的生命期一般是短暂的,经常只10~15分钟,最长的可达50~60分钟。一旦水龙卷登上海岛,常很快减弱消失,这时很容易误认为是一种尘卷风。水龙卷的水平范围也常比陆龙卷小。水龙卷的一个显著特征是经常在水龙卷下方升起一个水柱,可达1米左右高,这是因为龙卷中心是低压区,故水中压力比水龙卷中空气压力高,强迫水面上抬造成,也可以说,低压把水吸向上去。有的水龙卷中间吸起的水柱可达几米的高度。

水龙卷与陆龙卷一样,也含有强烈的涡旋状漏斗云。在海面上看到的漏斗云,一般都算作水龙卷。不少人认为水龙卷的漏斗云是由低压区内吸到云层高度上的海水所组成,其实不是这样。与陆龙卷一样,大部分水龙卷的漏斗云主要由水汽凝结形成,大约占漏斗的上部2/3,这也是人们看到的漏斗云部分。下面1/3主要是从海上吸起和在水龙卷与海面接触处产生的浪花,这些浪花在涡旋周围带向上面,以后又向外散开。水龙卷的这种吸水作用以前被说成是龙在吸水,这是完全没有根据的。在海面水龙卷浪花涡旋的后方,经常有一条细而长的尾流带出现,像飞机的尾迹一样。当水龙卷登上陆地时,由凝结水组成的可见漏斗云缩向云底,漏斗的穴状外形更加明显,在底部只能看到一些旋转的尘埃云。当水龙卷强度最弱时,仅为悬挂在云底的一个锥体。在有些情况下,水龙卷中的上升气流可把大量由地面强风造成的含盐高的浪花带到较高的高空。根据水龙卷过后含盐量极高的降水可以证实这一点。

大多数水龙卷与发展的积云、浓积云或雷暴同时观测到,因而其生成方式与陆龙卷的形成是类似的。但是生成水龙卷的积云一般要比生成陆龙卷的强风暴积雨云浅薄,有的还不到冻结层之上。这也是造成水龙卷比陆龙卷弱的原因之一。

另外,有些水龙卷在生成时几乎看不出有什么云出现,或者龙卷之上只有一小块孤立的云存在。这种水龙卷也叫晴天龙卷,它们与陆地上没有母云的尘卷风有一定相似之处,因为尘卷风也是发生在晴天之下。我们知道,尘卷风的出现,表明存在着强烈

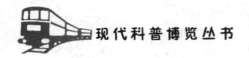

的不稳定空气,它是由太阳光对地面强烈加热引起的。同样,在晴朗天空中出现的水龙卷也应表示存在着不稳定空气。当这种空气在暖水面上通过,并受到旋转空气运动的影响,就有可能产生涡旋或水龙卷,但其准确的形成原因和过程现在了解的并不多。

尘卷风、火龙卷和城市龙卷

尘卷风、火龙卷和城市龙卷与陆龙卷和水龙卷不但起因不同,结构上也有差异。它们的共同特点是没有母云和漏斗云。实际上它们是一种旋风,只有较强的旋转运动和上升气流,这点也是与龙卷相同的地方。

1. 尘卷风

尘卷风,在春季和初夏,在干燥多尘沙的地区经常可看到小范围的旋涡,在这些旋涡中,气流夹带着沙土旋转上升,这就是尘卷风。尘卷风也就是平常所说的旋风。它们是草原、沙漠和干燥地区的常见现象。每当春末夏初天气干燥之际,在我国内蒙古自治区、甘肃等地最容易出现尘卷风。

在干热的沙漠地区最易发生尘卷风。尘卷风形成的一个重要条件是地表面要有高的温度。在晴朗碧空的日子,如果天气又是静稳无风,地面受太阳光照射造成的强烈加热可以满足这一条件。一旦地表面受热,低层空气也迅速地增热,结果在低空形成很不稳定的温度分布,常常在很薄的近地面气层中能产生3~5℃/米的强温度递减率(相当于100米下降300~500℃)。这样到一定程度,贮存的不稳定能量就释放出来,引起强烈的上升气流。由于空气很干燥,不会有云形成。只能形成前面所述的强烈热泡。随着空气上升的开始,周围其他空气迅速地冲来补充到原来的位置上。这种向内辐合的空气,在外国时旋转较慢,当移入旋风中心时,旋转愈来愈快。这与一个滑冰者,当它突然收回双臂抱紧时,旋转突然加快的情况相似,它们都遵从角动量守衡原理,即旋转半径减小,则运动速度增加,在不少尘卷风中都可造成较强的风速,常达20米/秒左右。

人们能够看到尘卷风是因为它夹带着大量的尘沙及其他碎片、杂物到达很高的高度,有些尘卷风或沙卷风的尘柱可高达1千米或1.5千米。一般说来,尘卷风的破坏力比龙卷风要小,但也能造成一定程度的破坏。另外对飞行的影响也很大,可以造成明显的颠簸。尘卷风一旦进入潮湿或大片植物或农作物区时就会消散。

2.火龙卷

火山爆发和大火灾时产生积雨云和雷暴的事实早已为人们所知道。例如1874~1875年间的冬天,冰岛的一个火山大爆发,结果发生了浓厚的雷暴云,不断的闪电和激烈的雷声,天地均为之震动。同时空气强烈带电(静电),在许多突起或尖端的地方都冒出了小火花。一般情况下,冰岛很少出现雷暴,既使有也很弱。因而这种由火山爆发产生的雷暴在当地是很奇异的现象。

火山爆发时产生雷暴的原因很简单。在火山爆发时,大量的岩浆向外流散或喷射,其中有大量的水蒸汽也随之冒出,并且以巨大的力量向上冲出,几分钟内带有火山灰的蒸汽柱可以发展到很高的高度。在那里,水汽开始凝结形成巨大的灰尘云,这种云与积雨云十分相似,同样可看到闪电和暴雨。当意大利有名的维

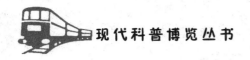

苏威火山爆发时也见到过这种积云。既然有积雨云或雷暴生成，其中出现龙卷的可能性是存在的，但由于观察条件所不允许，人们并没有留下关于这种火龙卷存在的记载。

人们发现火龙卷主要是在大火灾之后。巨大的火灾一般都能产生积雨云。1923年9月1日东京及其邻近地区发生了大地震，之后引起了大规模的火灾，大火无法控制，到处蔓延，燃烧达40小时之久。在大火区，上升的烟和热空气产生了浓厚的对流云，这些云以后又发展成积雨云，结果在一些地区下了阵雨，但由于雨量不大，并未能把大火扑灭。高大的积雨云在40千米以外的地方都能见到。许多成球状的凸出部分在阳光照耀下发出银白色的光辉，比普通的积雨云更明显，云顶估计在6~8千米。就在这些积雨云中，从云底有一些龙卷向地面伸展，其中一些强度很大，可使沿途遭到明显破坏，它们把大火区以外的汽车和人吸起，有一间房屋连同里面的7~8个人一起被龙卷吸起。据统计，在那次大地震之后24小时内，在东京出现了120个火龙卷和烟卷风。事实表明，那次人民伤亡惨重的原因主要倒不是由地震引起，而是大火灾造成。

3.城市龙卷

近20年来在世界上许多几百万人口以上的大城市中，尤其在一些国家人口稠密，工业、交通集中的首都地区，城市龙卷的发生数目明显减少，而在郊区龙卷频数在增加。因而一个大城市可以明显地划分为无龙卷区和龙卷区两部分。无龙卷区像一个马蹄形位于市区，它似乎在告诉人们龙卷有避开城市中心发生的趋向。在市区周围包围着一个半环状的龙卷带。在许多大城市都发现龙卷或漏斗最常出现在这个半环的西南部和北部—西北部，这里常是城市的上风缘。接近城市市区，龙卷减少。

在人口稠密、工业集中、交通发达的大城市为什么会出现这样奇特的龙卷分布呢?根据从卫星拍摄(在近红外光谱带)照片,发现在照片上河流、水域、市区以及铁路、工厂等都是黑色的,这些黑色的区域与无龙卷区很一致。这个对应关系不应看作是偶然的,它可能表明由于人类活动在城市周围建立的新的气候区,即形成所谓"热岛"效应,是造成城市无龙卷区和龙卷带的原因。

什么叫热岛效应?在一些人口众多、工业区密集、柏油路交错的大城市内,大多数建筑物是由石头和混凝土建成。因而热容量很高。再加上建筑物本身对风的阻挡或减弱作用以及人类的频繁活动,可使城市中的年平均温度比郊区及邻近农村高1℃左右。尤其对冬季夜间的最低温度影响。

最甚,市区往往比郊区高几度。在夏季,白天虽然城市和郊区所达到的最高温度没有什么差异,但在夜间,城市冷却比郊区要慢,这主要是因为城市中大面积石头和混凝土建筑具有很高热容量的缘故,它可以把白天吸收的热量逐渐地向外辐射出去。城市的温度在深夜来临之前仍可保持在最高温度值附近,而没有什么明显的下降,再加上湿度也很高,因而此时显得十分闷热,而周围被较凉的空气所包围。这时城市好像是一个孤立的闷热的海岛,这就是热岛效应的来由。

当然,热岛效应不仅由热容量高的城市建筑物引起,而且也由现代工业和民用日夜进行的燃烧活动造成。在一些大城市,据粗略估计,冬季由燃烧过程放出的热量比由太阳光得到的热量大2.5倍,到了夏季,这个量下降,只有太阳光加热的1/6。

概括起来说,热岛主要出现在夜间,它由白天城市建筑物比郊区有更高的热容量与整个夜间城市中心高速度进行制造热量的活动造成。如果城市上空有强的通风,不难想像,热量便很快地被风带走,可减少热岛效应或完全消失。有时会出现这种情

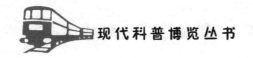

况。由于热岛效应对城市内外的空气流动发生明显影响。人们发现,在城市中心,产生的热量被均匀的热空气覆盖着。它们趋于在城市上空上升,最后向下风方向郊区飘移走,故在工业区的下风处能观测到降水和冰雹的增加。有人还揭示出,市区的热岛效应可以产生低层辐合。

虽然从观察事实和分析上可以把热岛效应和城市无龙卷区联系起来,但内在的过程并不清楚,需要进一步研究。最近实验室中的实验也证明,当一个龙卷在模型城市市区上空通过时,如果在城市下面或在城市上空不同高度上分别加热(模仿热岛效应),可以发现龙卷强度减弱或经常消失,因而使整个漏斗云也很快消失。

雷　暴

雷暴与台风一样,是一种危险的天气现象,雷暴中强烈的阵风、暴雨、雷击、冰雹以及乱流等是自然界中具有最大破坏性的天气现象,对人民的生命财产有很大的威胁,但雷暴给地球上的各个地方带来大量的降水,对农业生产很有好处。有时雷暴可使一些地方久旱逢雨,减缓或解除旱象。在一些干旱的地区(如沙漠地带),雷暴是雨水的唯一来源。

由于雷暴对国民经济和国防建设有重要意义,了解和掌握雷暴的规律,预报雷暴的活动愈来愈迫切需要。在最近几十年中,这方面取得了很大的进展。增加了观测网、使用了先进的气象雷达,更深入地了解了雷暴的物理过程。但是这些只能认为是初步的,还有不少问题有待进一步解决。

1.雷暴的结构

雷暴是一种地方性风暴,它是由积雨云产生的。雷暴代表最强烈的大气对流,是积雨云强烈发展和最终的表现,所以有时积雨云也称雷暴云。据科学工作者测量和估计,全世界每天约有44000个雷暴发生,而在任一时刻有2000～4000个雷暴在活动,其影响面积占全球面积的1%。在有些地区,例如在热带,一年四季雷暴活动频繁,几乎每天都能出现。在温带地区,雷暴在夏季和秋初一段时间内最常出现,即使在冬天也可能会出现雷暴。在夏季,在北极地区也会产生雷暴。

雷暴既然是由积雨云产生的,所以我们先简单地说明高大的积雨云是怎样由最常见的小块积云发展起来的。

一年四季都可以看到天空中经常飘浮着一些小块的积云。它们往往是好晴天气的象征。因而这些积云叫晴天积云。晴天积云的出现表明:在地表面附近,大气存在着一些不稳定性。一般这是由空气移到较暖的陆地或水面上造成。每一块积云的生命期很短,为5～10分钟,很少增长到几千米的高度,因为这种积云的进一步增长受到大气中层很稳定的干燥空气的限制,低层有限的能量还不足以冲破这个盖子在深厚的层次中发展起来。

如果大气在很深厚的层次中是不稳定的,并且水汽含量又很丰富,则情况将完全不同。只要对流云一开始发展,就可以很快地继续下去。例如,由于某些高温地区或山地的机械抬升可以形成一些云,这些云还可以集聚成更大的对流云体。在对流云中的空气(简称云的空气)由于具有浮力不断上升。在很不稳定的空气团中,温度递减率很大。上升的气块随着高度的增加浮力也增加,这是上升气块和环境温度差随高度增加的结果。这时空气加速上升。在某些情况下,到10千米左右温度差值还可以有所增

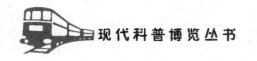

加。甚至到平流层下层云空气还可以比周围环境暖。

在浮力不断作用下，天空气块的上升速度可达到很惊人的量值。如果在云底的高度，上升速度是60米/分，在到达8千米处，上升速度达到1500米/分，增加了25倍。通过这种激烈的上升运动，小的积云变成了高大的积云，这叫做浓积云。以后浓积云又发展成积雨云，即一般所指的雷暴云。积雨云的生命期至少有1小时，而不像积云只有几分钟，最多10～15分钟。有些雷暴云可集合起来组成范围更大的雷暴群，其直径可大到50~100千米。

积雨云中的上升气流很大，至今直接进行的测量并不多。但是有丰富经验的飞行员在飞越雷暴时肯定了强大上升气流的存在。利用间接方法可以估计上升气流的大小。例如用雷达测量雷暴中降水粒子的高度，由此估计出的云顶高度比实际只略偏低一些。人们发现，雷暴垂直伸展的范围比起30年前知道的要高得多。高度在12千米以上的雷暴并不少见。在极端情况下有些雷暴云顶到达20千米。但雷暴云也不能无限地增长下去，它的上限为平流层高度所限制。这是因为在平流层下层空气是很稳定的。我们知道，在平流层底部即对流层顶处，温度递减率有明显的转折，在对流层顶以下，温度随高度减小很快，从对流层顶开始，温度递减率至少减小到2℃/千米，或温度随高度增加。因而当上升的空气透入这层稳定空气层中时，它的温度立即变得比周围区域中的温度冷，由于它现在比周围空气重，故有向下的力作用在空气块上。尽管如此，因原来上升气块具有一定动量，故仍可继续上升1～2千米。但不久就停止上升。

我们可以把上升的云空气的变化用一个方程式表示出来，它包括空气的速度和浮力。有人做了计算，如果给定某种合理的温度分布值，并取平流层底部的上升气流速度为1600米/分，则云顶的伸展高度应在对流层顶上以1.6千米以内。

对流层顶高度全年随纬度和季节而异。在雷暴季节,大致在12~18千米,雷达观测指出,许多雷暴的顶部处于对流层顶以上1.6千米以内,与上述计算值一致。但在少数情况下可超过对流层顶3～5千米。最近有人观测到积雨云顶到达25千米。根据这些观测结果,我们可以得到结论:在极端情况下,雷暴上层的上升速度比上面取的值大2～3倍,高达3～5千米/分。在高速空气的流动下,几分钟之后,原来雷暴体内的上升空气就完全为新的上升气流所代替。如果在夜间从飞机上来观察雷暴云,在闪电中可以清楚地看到这些活跃中心的更替。

根据冰雹的观测也大致可以推断雷暴中极端的上升速度。关于冰雹的详细情况下面还要讨论。这里只指出,在12千米处,冰雹的直径为7～8厘米,与垒球大小相仿,其下落速速约1800米/分。很可能,垂直运动也大致是这个数值,因为这种冰雹有时悬浮在空中,有时甚至向上运动。

2. 强烈雷暴

上面我们讲了一般雷暴的结构。这种雷暴或者由一个孤立的单体组成,或者由许多不时兴衰的气泡组成。但是,在一定条件下,这种对流单体群集在一起。可以发展成范围很大、强度很强、组织结构完全不同的雷暴,这种系统也称强烈局地风暴。局地强风暴的范围从几十千米到一百千米不等。在这种风暴内部长时期可维持稳定的上升和下沉气流达数小时之久。这种风暴是雷暴造成的天气中最激烈的,大冰雹、暴雨、强阵风和龙卷风都发生在这种风暴内。许多国家都会出现这种局地强风暴,最多的要算美国中西部各州。在我国西北地区也有类似现象出现。

局地强雷暴发生时大气的条件与一般雷暴大致相同,但它有三个明显的特点。①大气具有强烈的条件不稳定。在下层是含

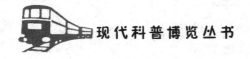

有丰富水汽的暖湿空气,在中层是干而冷的空气;②上下层都有强劲的风速带,并且风向随高度按顺时针方向偏转。这种风向风速随高度的增加发生显著变化的现象在气象上叫作强的垂直切变;③要有能够触发大气不稳定性释放的冲击力或启动力。例如由一个天气系统产生的辐合上升气流即为一种。根据上面三个条件,在大气中强烈的雷暴最常出现在高低层强风速区(或急流)交点附近以及舌状的潮湿空气区的西边。

在1.5千米高度以下的低空,有一股从南面流入的暖湿空气。在对流层中层,从西面流入的干冷空气正好位于暖湿气流之上,结果形成了一个逆温层,即温度随高度升高而增加。在逆温层之上温度下降很快,并且十分干燥。这样形成的逆温层对对流的增强起着很大的作用。因为这个逆温层犹如一个盖子,它能阻碍从湿层来的空气继续向上穿透,只能形成一些矮小的积云或层积云,这就避免能量一点点的散失掉。逆温层以下的空气通过新鲜暖湿空气的缓缓不断流入和补充,变得愈来愈暖愈湿,而对流层中层和上层则变得愈来愈冷,这样盖子盖得愈久,在很深厚的大气中蕴藏的不稳定能量愈多。一旦由于某种作用使逆温层破坏,巨大的不稳定能量就像爆炸似的释放出来用于雷暴的发展。

使逆温层遭到破坏的原因有几种。主要与天气系统的影响有关。在高空低压槽槽前经常有有组织的辐合上升气流产生,在对流层中部,其量值可达5~10厘米/秒,作用时间为6~12小时。这可以把地面的空气块抬升1~2千米高度,足以冲破逆温层。另外,低空冷空气向东面扩展时,强迫其前部暖湿空气抬升也能破坏逆温层。此外,太阳辐射加热、地形、停滞冷空气堆的阻碍作用都能产生气流的抬升。

关于垂直切变是产生强烈雷暴的条件还是最近几十年来得

到的结果。在过去,一般的看法认为垂直切变不利于雷暴的发生,因为通常见到的积云,当处于强的风切变时,云体被吹斜,即云顶被吹得偏离了它的底部,但是现代研究结果恰恰相反,切变起到使风暴增强的作用。有人发现,在强烈的风切变气流中,高大的风暴云能够安然耸立。在风切变较强的日子,如果雷暴中产生了冰雹,则比切变弱的日子更易引起灾害。为什么强的风切变能加强雷暴呢?因为它可以把高层的降雨由高空的强风带到下风方向很远的地方,以后在那里的云外落下,这样就不致于破坏云体内的上升气流而产生下沉气流,结果使上升气流一直可以维持到自身减弱为止。不少观测表明,在强烈热力不稳定大气中,强的风切变能有助于雷暴组织和演化成生命期长的强烈雷暴。

强烈雷暴主要的特征是,雷暴内上升和下沉气流长时期共存。风暴是从左向右移动的,白箭头是上升气流,来自低层的暖湿空气从风暴右前方进入环流中,然后倾斜地上升,这与普通雷暴是不同的。由于上升气流从云体内部穿过,避免了与云外干空气混合,不致减弱浮力,因而气流能到达更高的高度,在旺盛上升气流中形成的云塔常在对流层顶以上。到达高空的上升气流以后在强切变的影响下,扭转方向顺风暴前部的云砧向下风方向辐散流出,最后离开单体。随同上升气流,大量的水汽也被带到高空,以后凝结成小的降雨质点,它们一起被带到上升气流的顶端,然后按气流方向像喷泉似的向外辐散出去。由于风切变的影响,主要是按高层风的风向外流带出去。在气流把降雨质点带向外的过程中虽然都受水平风速的影响,但不同大小质点下降速度是不同的。落得慢的小质点要比大质点被风带得更远。暴雨区位于雷暴左下方。在风暴主体附近,大质点被风带向前的水平距离较短,它们下落不久,又落入上升气流区,于是重新又带到风暴的上

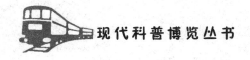
升气流中,通过吸收小水滴和云中水分进一步增长。经过一次以上的循坏过程就能生成冰雹,如果其中的冰雹很大,降落速度也就很快,可以垂直地通过上升气流而下落。大冰雹只落在雷暴的某一部位。

在强烈风暴中,一旦生成这种环流,气流经常表现成旋转运动,其中最明显的是龙卷风。它经常发生在最强上升气流底部的气旋性强切变区中。如果用气象雷达观测,这种环流最明显的一个特征就是在云底附近显示出钩状回波,而龙卷就出现在钩状回波前沿入暴雨区右侧。

下沉的气流由右侧从大气中部流入风暴,位置比上升气流更偏前。由于这里有大量小降雨质点从高空落下,蒸发冷却作用造成进入此区之干冷中层空气变成下沉气流。以后它从风暴之后在地面附近向外扩展出去,结果在气流的前缘,形成具有激烈强阵风的飑锋。

强烈雷暴的移动方向与普通雷暴是不同的。人们常常注意到,一群普通的雷暴单体一旦发展成一个强烈风暴或超级环流,移动方向和速度会有明显的变化,它们不再沿中层风移动而是偏向右移动,且此时移速比中层风慢。移向也可偏向左,此时移速比中层风快。一般在北半球更常见的是向右移动的雷暴。无论是向左或向右,其组织结构相似,互为镜像。风暴的这种异常运动显然与其组织结构的变化有关,但现在并不清楚是什么原因使强雷暴出现这种异常运动,也不了解为什么有些雷暴向右,有些雷暴向左。例如有些观测表明,在类似环境条件下,既可出现向右移动也可出现向左移动。更有意思的是,有些雷暴分成两部分,一部分向左移,一部分向右移,两者都可造成灾害性的冰雹和雷暴天气,但其路径叉开,张角可达60°左右。

3.雷暴线——飑线

在春季和夏季,大气中不但经常出现一个个孤立的雷暴,而且会出现排列成线状的雷暴,长度达几百千米,具有很强烈的阵风、雷雨冰雹等天气。这种雷暴线叫做飑线。如果你从地面某一地点来观察飑线,不可能估计出雷暴线的范围和组织结构情况,因为你看到的只是其中一小部分。但是如果用气象雷达来观测,你经常可以发现这些雷暴线的存在。

利用现在一般的气象观测站网也不容易确定飑线的位置,因为观测网台站之间的距离在200千米以上。而飑线是介于雷暴云团与上千千米的气旋之间的天气现象,在气象上常称为中尺度扰动,用现在的观测网来测飑线,正像用大网捕小鱼一样,常常会漏掉。因而近十几年来,为了研究飑线的活动规律,不少国家设置了很稠密的观测站网,使用专门仪器进行观测和研究,这大大加深了人们对于这种大气激烈现象的认识和了解。

飑线在美国西部大草原各州出现最频繁,发生以后,它们常常向东移动。它们发生的基本条件与强烈雷暴相似,在其他国家和地区,尤其是阿根廷、苏联西南部、中欧、印度西北部等也常有强烈飑线出现。非洲西部也有激烈的飑线,有意思的是它不是向东,而是向西移动。在我国,春夏两季,在华南、华东、西北、华北等地也可观测到飑线,强烈的可带来冰雹、大风,甚至龙卷风天气。1971年7月31日13时53分发生在我国沿海的一条飑线雷达。它从海上移来。一条西北—东南向的回波带很明显。当它经过福建沿海各地时造成了10～12级大风,在台湾海峡海面上出现了许多水龙卷。

根据雷达观测,飑线结构相互之间差别很大,有的是一条清晰完整而具有光滑前缘的回波线,难以分辨出其中包含的雷暴个

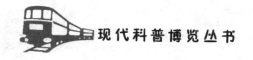

体,较常遇到的飑线内含有成群的雷暴单体,少则4~5个,多则十几个,但其中只有几个最强、最活跃。飑线上的雷暴单体与炎热午后出现的孤立雷暴虽然都同为单体,但前者要强得多。当飑线来临之前,天空中的景象有明显的特征是梨状的乌云布满天空,每一个云体都向下突起,或像囊袋悬挂在空中。云体的排列与云中某一层风向一致,类似于滚轴状形式。当频频接连不断的闪电出现时,标志着飑线已经来临。

飑线有时是冷锋(冷暖空气的交界面,其上有激烈的天气)到来的预兆。实际经验表明,在冷暖气流交汇的时候,最易生成飑线,锋面两侧温度、水分含量差别愈大,贮存的能量愈大,生成的飑线上的雷暴愈强烈。飑线并不是锋,而是生成在锋前的暖空气区中。像强烈风暴一样,它常常受西面高空槽槽前辐合上升气流的触发而迅猛地发展起来。

飑线是一种中尺度的系统。在它的后部经常还伴有一个小范围的高气压生成。这个高压叫雷暴高压。它是由降水蒸发冷却造成的较重的下沉气流形成。雷暴高压前缘经常出现大雨、风向突变,地面温度减小,气压涌升等现象,这就是飑线或强对流线的位置。在雷暴发生之后,在飑线达到成熟阶段时,还可以生成一个小低气压区(又叫尾部低压),对此至今还没有满意的解释。当飑线减弱、降水减退时,高低压系统也随之崩溃解体。整个飑线的生命期可达6~8小时。

根据气象卫星观测发现,雷暴高压的前缘表现为一条白色的弧形对流线,主要由积云、浓积云和积雨云组成。这条弧线从衰老或消散的雷暴区不断向外扩张,许多新的对流活动就将沿这条弧线上形成。例如当弧线与其他边界线(如锋、飑线,其他对流线等)相交时,在交点上经常可导致新的对流活动发生。

飑线是一种灾害性的天气现象。尤其在飑线中某些雷暴可造成非常激烈的天气,例如冰雹和龙卷风。但是现在还不能肯定,这种飑线中的雷暴是否比普通雷暴有更强的上升气流、乱流或达到更高的高度。由于飑线影响范围很大,对人民生命财产有着很大的威胁。

一般飑线的恶劣天气主要发生在成熟阶段。当飑线经过时,风向急转,风速骤增,常常达到20米/秒,有时甚至可达50米/秒,与台风风力相当,因而飑线的风有着很大的摧毁力。例如,1971年6月1日河北遵化地区的一次飑线袭击,风力在12级以上。另外,震耳的雷声、暴雨、冰雹也是飑线的天气表现。在长江下游出现的一次飑线,在10分钟内最大降水量为18.6毫米。当飑线过境时,气象要素也有明显反映,一次通过浙江省平阳县的飑线,在短短十几分钟内气压急升了百帕,温度陡降8~9℃。

飑线对于飞行有密切的关系。如果在航线上雷暴是孤立地散布着,飞机可以绕行而过。但面对几百千米的雷暴线横置前方,绕行是不现实的。在几十年前,人们普遍认为飑线对飞行是有很大危险性的,轻者可以造成颠簸,重者使飞机操纵失灵。

现在,由于飞机能够飞得很高,并且飞机上装有气象雷达,飞行员对飑线雷暴已不再像以前那样担心了。飞行员可以用雷达确定最严重的颠簸和冰雹地区。知道这些情况后,可以很安全地通过飑线。但这并不是说,飞机不会遇到异常强烈的雷暴。

飑线可以造成洪水灾害。排列成线的雷暴像其他雷暴一样,也经历发展、暴雨、消散的过程。有时雷暴在某一地点的上风方形成,当它们移过这个地方上空时,可连续降雨。如果这种情况重复几次,在几小时内可降下大量的雨水,一天200~300毫米的降雨并不小见。由于在短时间内降下大量的雨水,会使农田淹没、江河泛溢。

飑线前部的阵风有时非常猛烈。当相互靠近的一些雷暴气

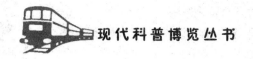

流同时下沉时,可造成极端强烈的阵风。向外冲击的冷空气可以强到把建筑物吹倒的程度。损坏在停机坪的飞机,毁坏大面积的庄稼。

飑线最严重的天气现象莫过于龙卷风了,这种激烈的风暴就是在飑线某一部位孕育、发展的。

4.暴雨和冰雹

自然界中强度最大的降雨是从雷暴中落下的,常常在几小时内降下100多毫米的雨水。有时甚至在3～4小时降下近300毫米的雨水。如果在15亩面积上降下1毫米的雨水,就相当于900桶水(每桶12.3千克),可见雷暴所产生的降雨量有多大!

暴雨对于交通运输、农业生产和水利工程等可带来严重的灾害。大水能够冲垮路基、水坝和桥梁,淹没庄稼,并造成水土流失。更严重的是洪水可使江河决堤和泛滥。但是暴雨也有有利的一面,丰沛的雨量对农业灌溉和水利很有好处。雷暴的降雨绝大多数是阵性的。暴雨来临时,先落一些稀疏的大雨滴,随即转为倾盆大雨,一般能持续5～15分钟,就是特别大的暴雨也很少超过30分钟,以后降雨强度逐渐减小。一次雷暴的降雨量常在25～50毫米。但一个地区所以能出现洪水往往都不是一次雷暴产生,经常与几个雷暴相继通过有关。结果总的降雨量能达到200~300毫米。如果注意一下气象台的降雨记录曲线,就可看到在一次雷暴大气通过JF,会出现几次清晰的降雨脉动,雨量时强JF弱。近年来雷达观测和雨量分析还表明,一些雷暴体可以合并,从而使雨强迅速加大。

现在在地面测量降雨的强度,只要测量单位时间内(1小时或1天)落到地面的水量就可以了。由所得的雨强可以估计个别雨滴大小、质量和到达地面的速度。

很大的雨滴是由很小的云滴或冰晶增长而成的。虽然在开始增长的方式很不相同,但一旦达到100微米直径时,最重要的增长物理过程就是碰撞和冲并作用了。在云中,大云滴(即130个/立方米)较少,它下落的速度比数量很多的小云滴(2000个/立方米)要快。因而大云滴可以碰上小云滴,把它们一个个地捕获合并进来,以后下落和增长得更快了。只要这些大雨滴仍能处在云中,以这种方式在短时间内就可以形成很大的雨滴,直径约为1毫米。这样大小的两滴,在平静空气中最后达到的末速度可为200米/分左右。为了使云滴能较长时期的处于云中,云空气需以很快的速度向上运动,即有强上升气流,这使雨滴始终保持在云内,增长不会终止。

一旦形成大雨滴后,它们被云中下沉气流很快地带到地面造成很强的大暴雨。飞机测量表明,空气可以1千米/分左右的速度下降。这个速度加上在平静空气中雨滴本身的下落速度使雨滴相对于地面的运动速度可达1.5~2千米/分以上,以这样的速度,单位时间内连绵的大雨滴大量到达地面,产生倾盆大雨。

在雷暴中也可能会降雪。实际上在冻结层之上雨滴的数量已大量减少,成为雪与过冷水滴的混合物。飞机研究表明,在6千米高度,就经常会遇到中等或较强的雪。这些雪花下降时,只要在低空气温较低,就不会融化成雨滴,而成为降雪。

冰雹是雷暴产生的另一种降水现象,并且是雷暴独有的,就目前所知,积雨云是产生冰雹唯一的云系。在雷暴发展的某一阶段,在积雨云内部,大多数都有冰雹产生。在不少情况下,在冰雹还未到达地面以前就已经融化掉,这种冰雹只有在高空才能遇到,它们对飞行危害并未减少。

冰雹是一种球形或不规则的冰块,提起冰块,人们会想起还有一种叫冻雨的现象,这是一种比较小的冰粒,与冰雹是不同的;

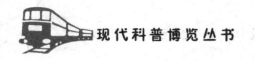

并且它也不是在积雨云中生成的,而是在别的云中生成的。冰雹一般要大得多,小的如蚕豆,大的比核桃、鸡蛋、垒球还大。少数冰雹竟重达几千克,甚至十几千克。但是,这种冰雹与形态完全不同的暴雨都是从同一块云中降下的。因为它们都需要含水丰富、具有强烈上升运动的云团才能生成。

冰雹可以引起许多严重的灾害。每次降雹,冰雹袭击的地带有一定范围。宽度在几千米至十几千米,长度在十几千米至200千米。当大冰雹下落时,还常伴有暴风、暴雨,以致毁坏大面积庄稼、房屋,伤害人命,牲畜动物等,危害很大。虽然冰雹出现的机会并不太多,但总是引起人们很大的重视。在我国,也常受到冰雹的灾害,主要在西北、华北、西南地区,多出现在春夏之交。

积雨云在所有云中总的含水量最高,并且水与冰晶共存。前面已经指出,丰富的含水量是冰雹形成的一个重要因子,但这个因子只是一个必要条件,而不是充分条件,否则每一块积雨云都要产生冰雹。实际上在热带地区,大多数雷暴都不产生冰雹,另外在有些地区,夏季的雷暴也很少产生冰雹,主要是大量的降雨。当然,在热带由于气温较暖,0℃层较高(5千米),冰雹在下落时融化了,但实际上,除对很小的冰雹以外,这个原因并不重要。

因而结论自然就是要产生冰雹在积雨云中须有十分强烈的上升运动。这样才能克服重力,使不断增长的雹心较长时期位于云内,有机会达到冰雹或大冰雹的体积。许多事实都支持这个观点。在许多地方,冰雹最常出现在春季和夏初,这时积雨云含水量已经很高,温度递减率很大,只要地面受到一定加热,空气会强烈上升,很易产生冰雹。大多数冰雹都是出现在午后地面最强烈加热时间之后。但是在有些地区,例如太平洋西北部,在隆冬也会出现小的阵性冰雹。在山区,地形对气流有强烈的抬升作用和热力作用,因而也是经常产生冰雹的地方。观测表明,冰雹的分布与地形有很密切的关系。

关于冰雹形成的精确物理过程至今还没有了解清楚。但在不少方面已取得了一致的看法。根据地面的观测，我们知道大冰雹由许多层相间的同心透明和不透明冰层组成，中间是一个小球形的雹核。无论什么冰雹形成理论都必须解释冰雹这种成层的特有结构以及所达到的很大的体积。

长期以来，人们已经知道向上发展到很高高度的对流云。虽然其温度比0℃低得多，但在达到很低温度之前，一般云滴并不冻结。在−10～20℃的云滴仍为液态，有时低到−40℃液态水也可能存在。这种情况下的水滴又称过冷却水滴。只要它不与冰晶或其他冰晶核质点相碰，将一直保持液态形式，否则将开始冻结成固体，成为雹心。

如果一个冰晶或大的冻结云滴(如雹心)通过一片过冷却云滴区，则由于捕获了许多小云滴附着在上面可增长为较大的冰晶质点。如果上升气流很弱，质点立刻由云中落下，遇到较暖的温度，即融化，这时到达地面的是雨。由雷暴中下落的最大雨滴通常就是融化的冰晶质点。如果上升气流很大，则冻结质点将被支托在云中，随着上升气流的不断增加，质点迅速增长，直到达到很大的冰雹。

那么冰雹中一层层透明和不透明的冰层是怎样形成的呢？有一个时期，人们曾经认为这些冰层是由于冰雹在0℃层上下往返运动产生的。为了形成透明冰层，唯一的方式是冰粒先开始溶化，表面形成一层水，然后被较强的上升气流带到更冷的区中，在那里又凝固，形成一层透明层。

但是现在知道，如果能黏附的液态水十分多，即使在冻结层以下部分也可以形成透明冰层。可以设想，下落的冰雹与大量的过冷却水滴相碰，为使水滴立即冻结以生成一层不透明冰层，必须以极快的速度把融解热带走。为了要把一个玻璃杯内的正方形冰块融化掉，需要较长的时间，因为供应的所需热量是很慢的。反之，冻结或凝固的问题在很大程度上也是相类似的。由于过冷却水不能很快地冻结，它聚集起来，并沿整个冰雹表面流动，慢慢地冻结起来，以此形成一层透明冰层。

如果冰雹以后落入云中含水量很小的层中，则附着在表面的水滴不多，这时能够把需要耗散出去的热量迅速带走，在过冷却水还没有来得及扩展至整个表面时就已冻结，于是气泡留在冰层内，形成了一层不透明层。

为了形成大冰雹，必须要有很强的上升气流、很丰富的液态水含量、较大的云滴、垂直伸展很高的云体。有人指出，中等的雷暴在穿入平流层1.5千米时能产生直径2厘米或更大一些的冰雹。大冰雹经常产生在雷暴的成熟阶段，在3～9千米层最常遇到。在10千米以上，大冰雹明显减少。应该指出，既使对于很高大的云，只靠上升至顶部再下落一次过程，尽管能捕获很多过冷却水，但所能达到的大小也只有2.5厘米。对于7～8厘米直径的冰雹一次上下运动是不够的，必须要往返几次。通过什么物理过程可使2.5厘米大小的冰雹不致落出云外，而能保持在云的冷区中有机会增长到很大的体积呢？

有人曾经提出一个物理过程。据此可以说明在云的冻结层以下，冰雹能够长时期维持以保证它们达到7～8厘米的直径，并且同时形成层状结构。这个过程与前面的说明相类似。由于风随高度增加，上升气流是倾斜的，冰雹先由上升气流落下，通过含水量很低的区域以后又进入云的另一部分，该处的上升速度十分大，不仅可以支托住它，还可以把它向上带相当长一段距离，以后又重复这个循环。由于在强上升气流区含水量高、下落区含水量少，因而可以说明冰雹的葱头似的外形。因为7～8厘米的冰雹下落速度约 2000 米/分。显然产生大冰雹的云体必须有很强的上升气流。

　　有时在雷暴以外的晴空区中也会遇到冰雹。在强上升气流中冰雹被带向高空,以后又随高空气流向外辐散出去,在伸展很长的卷云砧中下落,有时离云体可远达 8 千米,形成很奇怪的晴天降雹现象。